Amir Abbas Esmaeilzadeh
Dorsa Azizi Khezri
Mohammadtaghi Fazel

# Genética e cancro

Amir Abbas Esmaeilzadeh
Dorsa Azizi Khezri
Mohammadtaghi Fazel

# Genética e cancro

ScienciaScripts

Cover image: www.ingimage.com

This book is a translation from the original published under ISBN 978-620-6-77518-8.

Publisher:
Sciencia Scripts
is a trademark of
Dodo Books Indian Ocean Ltd. and OmniScriptum S.R.L publishing group

120 High Road, East Finchley, London, N2 9ED, United Kingdom
Str. Armeneasca 28/1, office 1, Chisinau MD-2012, Republic of Moldova, Europe
Managing Directors: Ieva Konstantinova, Victoria Ursu
info@omniscriptum.com

Printed at: see last page
**ISBN: 978-620-8-58651-5**

# Genética e cancro

**Por**

**Dr. Amir Abbas Esmaeilzadeh**

*Médico, Salamat Yar Behesht Dayan, Dayan Biotech Co*

**Dorsa Azizi Khezri**

*Faculdade de Farmácia, Universidade de Ciências Médicas de Teerão, Teerão, Irão*

**Mohammadtaghi Fazel**

*Departamento de Investigação, Ocean Pharmaceutical Products Company, Teerão, Irão*

**Dr. Amir Abbas Esmaeilzadeh**

*Médico, Salamat Yar Behesht Dayan, Dayan Biotech Co*

**Dorsa Azizi Khezri**

*Departamento de Investigação, Ocean Pharmaceutical Products Company, Teerão, Irão*

**Mohammadtaghi Fazel**

*Departamento de Investigação, Ocean Pharmaceutical Products Company, Teerão, Irão*

**Dedicado aos Anjos Misericordiosos que:**

*O senhor dos mundos, que começou a guiar os seus servos com o ensinamento da pena.*

*Os meus pais, cuja presença é para mim uma coroa de honra e cujo nome é a razão da minha existência, porque estas duas existências, depois do Senhor, foram a fonte da minha existência, pegaram na minha mão e ensinaram-me a caminhar neste vale cheio de altos e baixos.*

# Conteúdo

# Capítulo I

## *O papel da genética no cancro*

## Introdução

O objetivo dos testes genéticos é identificar alterações hereditárias específicas (mutações) nos cromossomas e nos genes de uma pessoa. As mutações genéticas podem ter efeitos nocivos, benéficos, ineficazes ou incertos no estado de saúde de uma pessoa.

As mutações deletérias podem aumentar a possibilidade ou o risco de uma pessoa desenvolver uma determinada doença, como o cancro. No total, as mutações hereditárias desempenham um papel em cerca de 5 a 10 por cento dos cancros. Em alguns casos, a acumulação de cancro é observada em algumas famílias, mas a causa não é a existência de mutações hereditárias.

Por exemplo, o mesmo ambiente de vida ou o mesmo modo de vida, como fumar, pode levar à ocorrência de cancros semelhantes nos membros da família. No entanto, a presença de alguns padrões específicos, como o tipo de cancro, a presença de algumas doenças não cancerosas e a idade de cada cancro específico, pode sugerir a presença de cancro hereditário.

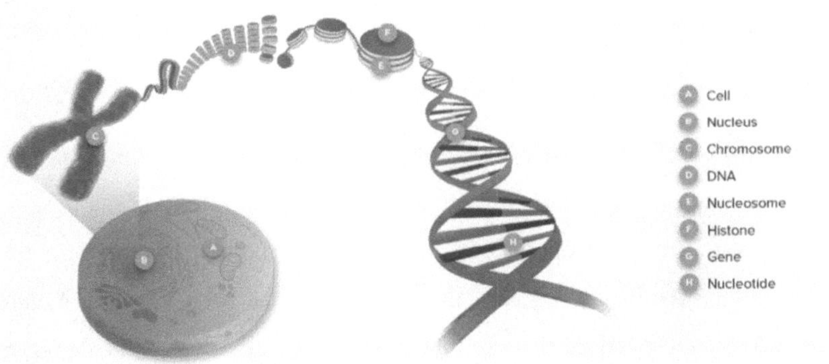


**Figura 1.** A genética do cancro

Sabe-se que as mutações genéticas causam cancros hereditários e os testes genéticos podem confirmar se o cancro é causado por uma mutação genética ou não. Além disso, a realização de testes genéticos a outros membros da família que não têm manifestações óbvias da doença determina se são ou não portadores da mesma mutação que se sabe ser predisponente para o cancro na sua família. As mutações genéticas herdadas podem aumentar o risco de cancro de uma pessoa através de vários mecanismos.

**Será que todas as pessoas portadoras de uma mutação propensa ao cancro têm necessariamente de contrair cancro?**

Mesmo que exista uma mutação num gene de predisposição para o cancro na família, isso não significa necessariamente que todas as pessoas que herdem a mutação venham a desenvolver cancro. São vários os factores que influenciam o resultado de uma pessoa com uma mutação. Um fator importante é o padrão de herança do cancro hereditário na família. Para compreender a forma como o cancro é herdado na família, deve ter-se em conta que cada pessoa tem duas cópias da maioria dos genes e cada cópia é herdada de um dos pais. A maioria das mutações eficazes nos cancros hereditários é herdada em dois padrões:

- ✓ Autossómica dominante.
- ✓ Autossómico recessivo.

Na hereditariedade autossómica dominante, a presença de uma cópia do gene alterado é suficiente para aumentar o risco de cancro numa pessoa. Neste caso, um dos progenitores que transmitiu a mutação pode também apresentar manifestações da mutação genética. Na hereditariedade autossómica recessiva, só se uma pessoa herdar uma cópia do gene defeituoso de cada progenitor é que o risco de desenvolver cancro aumenta.

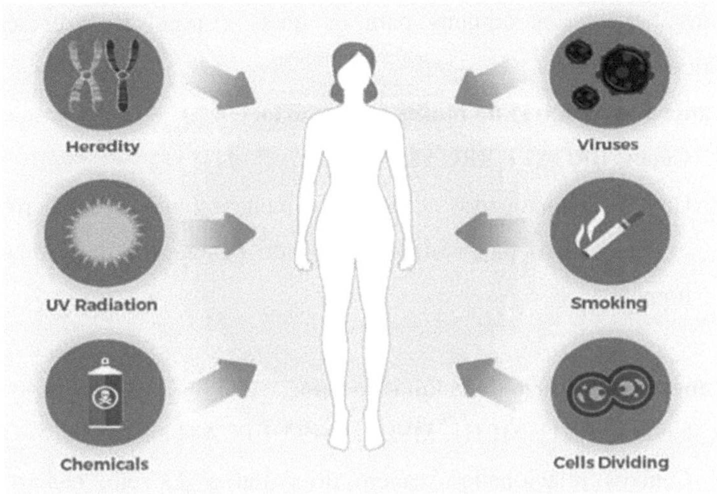


**Figura 2.** A genética do cancro - NCI

Cada progenitor tem uma cópia defeituosa e uma cópia saudável do gene desejado e, normalmente, não correm um risco acrescido de desenvolver cancro. Estes pais são chamados portadores. Mesmo quando as pessoas têm uma mutação autossómica dominante num gene predisponente para o cancro ou duas mutações autossómicas recessivas num gene predisponente para o cancro, podem não ter cancro. Algumas mutações têm penetrância incompleta, ou seja, os efeitos da mutação são observados apenas em algumas pessoas. Para além disso, as mutações podem ter manifestações diferentes, ou seja, a gravidade dos sintomas pode variar nos diferentes membros da família.

**Que testes genéticos estão disponíveis para determinar o risco de cancro?**

São conhecidos mais de 50 cancros hereditários. A maioria destes cancros é causada por mutações altamente penetrantes que têm uma herança autossómica dominante. Abaixo estão alguns exemplos de cancros hereditários comuns para os quais é possível fazer testes genéticos:

**1- Cancro hereditário da mama e do ovário:**

- ✓ Genes: BRCA1 e BRCA2.
- ✓ Cancros relacionados: cancro da mama na mulher, cancro do ovário, cancro da próstata, cancro do pâncreas e da mama no homem.

**2- Cancro hereditário do cólon e do reto:**

- ✓ Genes: MSH2, MLH1, MSH6, PMS2, EPCAM e APC.
- ✓ Cancros relacionados: cancro do cólon e do reto, cancro do endométrio (útero), cancro do ovário, cancro do rim, cancro do pâncreas, cancro do intestino delgado, cancro do estômago, cancro do fígado e das vias biliares, cancro do cérebro, cancro da mama e algumas lesões cutâneas.

**Aconselhamento genético**

Recomenda-se que as pessoas consultem um especialista em genética antes de decidirem fazer testes genéticos. O aconselhamento genético ajuda as pessoas a determinar o seu risco de cancro, os benefícios e as limitações dos testes genéticos para a sua doença específica. Em alguns casos, o geneticista aconselha que não é necessário efetuar um teste genético. O aconselhamento genético inclui uma revisão completa da história clínica individual e familiar para determinar o risco de cancro. Durante a sessão de aconselhamento, são também discutidos os seguintes aspectos:

- ✓ Os testes genéticos são adequados?
- ✓ Que testes específicos podem ser utilizados e qual o grau de precisão de cada teste?

- ✓ Quais são as implicações médicas de um resultado de teste positivo ou negativo?
- ✓ É levantada a possibilidade de a resposta ao teste não ser clara, ou seja, o resultado do teste pode não ajudar a tomar decisões médicas.
- ✓ Quais são os benefícios e riscos psicológicos de saber o resultado de um teste genético?
- ✓ Qual é o risco de transmitir mutações genéticas aos filhos?

Ao contrário de muitos testes médicos, os testes genéticos podem revelar informações não só sobre a própria pessoa, mas também sobre os seus familiares. A presença de uma mutação genética nociva num membro da família levanta a possibilidade de outros familiares serem também portadores dessa mutação. Nalguns casos, alguns membros da família podem querer saber o seu estatuto genético, enquanto outros podem ter uma opinião diferente. O aconselhamento com um geneticista pode ajudar os membros da família a compreender melhor o resultado de cada uma destas escolhas.

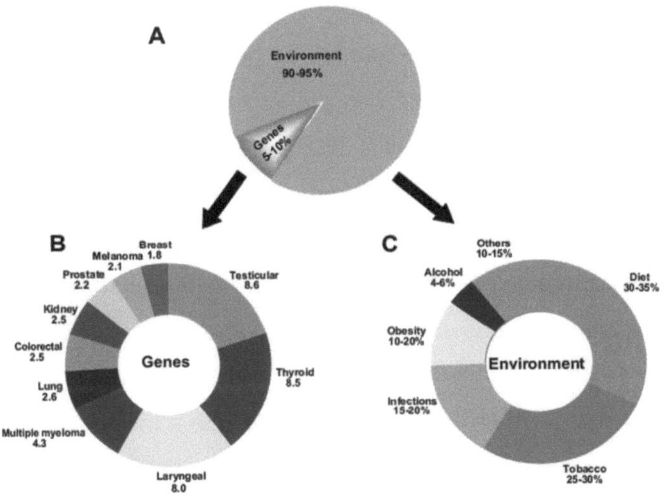


**Figura 3.** O papel dos genes e do ambiente

**Quem deve ser testado geneticamente para detetar o risco de cancro?**

A presença dos seguintes elementos na história pessoal ou familiar sugere a possibilidade de cancro hereditário:

- ✓ Diagnóstico precoce do cancro.
- ✓ Diagnóstico dos diferentes tipos de cancro numa pessoa.
- ✓ Cancros que ocorreram na placenta em ambos os órgãos, por exemplo, em ambos os rins ou em ambos os seios.
- ✓ Ocorrência de um tipo de cancro em vários parentes próximos no sangue.
- ✓ Ocorrência de certos tipos de cancro em casos invulgares.
- ✓ A presença de alguns defeitos congénitos, como algumas lesões cutâneas não cancerosas (benignas) ou perturbações esqueléticas que estão associadas a cancros hereditários.

**Cancro geneticamente complicado**

Infelizmente, hoje em dia, o número de pessoas que contraem cancro aumentou drasticamente. Por isso, talvez todos nós conheçamos pelo menos uma pessoa que esteja a lutar contra esta doença. Mesmo de acordo com a afirmação da revista oficial da Universidade de Harvard, num futuro não muito distante, a principal causa de morte humana será o cancro e este tornar-se-á o principal assassino da humanidade.

A questão que a maioria das pessoas coloca atualmente é se o tratamento do cancro é um sonho inatingível ou uma solução que em breve estará ao alcance de todos. Muitos médicos acreditam que a melhor coisa a fazer na ciência moderna é aumentar a consciencialização e depois encontrar uma forma de prevenir o cancro. É melhor começar por saber um pouco mais sobre o cancro e as células cancerígenas. As células cancerosas e, de facto, todas as células do nosso corpo têm cerca de 22 mil genes em comum. A diferença entre as células cancerígenas e as células saudáveis é que, nas células cancerígenas, os genes reguladores do crescimento estão danificados, o que leva a uma proliferação incontrolável destas células.

Desde o início, há que ter em conta um princípio: todos os cancros são genéticos, mas nem todos são hereditários. Porque, como já dissemos, as alterações que levam ao cancro são alterações nos genes. Ora, estas alterações podem ser hereditárias e transmitidas pela família, ou podem ser causadas pelo estilo e ambiente de vida e outras coisas do género.

De facto, é devido a estas alterações acidentais e ambientais que muitos investigadores consideram improvável a erradicação do cancro. A solução correta para evitar o aumento do número de pessoas com cancro é criar um caminho para a prevenção e preveni-lo logo no início do caminho.

A investigação atual mostra que, pelo menos em metade dos casos, o cancro pode ser prevenido através da sensibilização e do conhecimento. Em termos simples, o cancro não é apenas uma doença curável, mas também uma doença evitável. A investigação atual mostra que, pelo menos em metade dos casos, o cancro pode ser prevenido através da sensibilização para a possibilidade da sua ocorrência.

**Prevenção do cancro e seus benefícios**

Com dois tipos de prevenção, é fácil reduzir significativamente as mortes por cancro. O primeiro e mais importante é a prevenção primária. Por outras palavras, a sensibilização da opinião pública para todos os tipos de doenças malignas, a adoção de medidas como o aumento dos impostos sobre bens como os cigarros, a vacinação contra agentes patogénicos cancerígenos como o HPV e a hepatite B e a promoção de uma alimentação saudável e da prática regular de exercício físico são exemplos de prevenção primária.

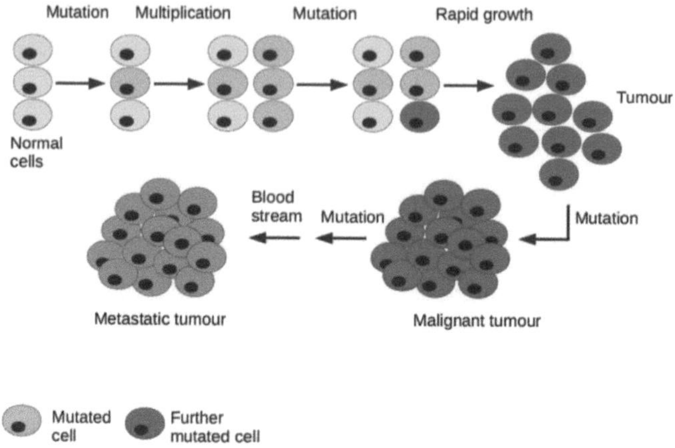


**Figura 4.** Desvendar a causa genética do cancro

É evidente que a prevenção primária exige que as infra-estruturas sociais e económicas e o sistema de saúde sejam eficazes neste domínio. A prevenção secundária do cancro é, na verdade, um rastreio que se faz para o diagnóstico primário do cancro. Até à data, a prevenção secundária tem tido um impacto significativo na redução da taxa de mortalidade por cancro da mama, do colo do útero e do cólon.

Os estudos epidemiológicos realizados até à data determinaram quais os cancros que podem ser evitados e em que medida podem ser evitados se os factores de risco forem reduzidos. As doenças, incluindo o cancro, podem ser prevenidas em grande medida através de modificações do estilo de vida, como deixar de fumar, evitar o consumo excessivo de álcool, manter um índice de massa corporal (IMC) saudável e praticar exercício físico regularmente.

Por exemplo, em cancros como o cancro do pulmão, o melanoma e o cancro do colo do útero, a maioria dos quais desencadeia mutações genéticas causadas pelo ambiente, ao deixar de fumar, ao evitar a exposição aos raios UV e à vacinação contra o HPV, 85 a 100% da doença pode ser facilmente prevenida. reduzida de facto, ao conhecer o nível de risco de cancro e ao modificar o seu estilo de vida em conformidade, deu a si próprio e à sua família a maior ajuda. "Com a investigação que está a ser feita ao nível do genoma humano e com as mudanças de estilo de vida baseadas nesta informação, imaginamos que a taxa de mortalidade por cancro pode ser reduzida em 70% em todo o mundo, mesmo sem o desenvolvimento de quaisquer novos métodos de tratamento.

**Uma visão geral da ocorrência de cancro no organismo**

Tendo em conta que muitos cancros são evitáveis, o que será necessário para tornar o sonho da prevenção uma realidade? Os cientistas acreditam que é preciso começar por compreender os primeiros acontecimentos biológicos que levam ao nascimento de uma célula cancerígena. Embora as análises genómicas tenham proporcionado uma boa descrição molecular do cancro.

Os investigadores ainda não sabem como e quando as células começam a tornar-se malignas. A iniciação do cancro é muito menos compreendida do que a biologia das próprias células cancerígenas. As células cancerosas fazem coisas que as células normais fazem, só que fora de controlo. Então, como é que o cancro começa? Quais são os primeiros travões do cancro?

Quais são os desafios que a célula enfrenta para se tornar uma célula cancerígena? Como é que uma célula cancerígena remove os travões para se tornar maligna? A resposta a estas perguntas esclarecerá o mecanismo de factores óbvios de risco de cancro, como o envelhecimento, a obesidade e outros factores que causam o crescimento descontrolado das células e a progressão do cancro.

Outro fator desconhecido é o papel do microbioma e dos triliões de micróbios que existem naturalmente no interior e na superfície do corpo humano no cancro humano. Um dos professores de doenças infecciosas da Universidade de Harvard afirma: Estes organismos podem, por vezes, ser encontrados mesmo no local do cancro.

Isto levou-nos a prestar atenção às ligações muito provocadoras entre o microbioma e o cancro. De facto, mecanismos moleculares interessantes podem explicar esta relação. Um dos casos interessantes em que os investigadores se concentraram foi o Fusobacterial nucleatum, um micróbio oral comum. A investigação determinou que esta bactéria se encontra em abundância nos tumores do cólon. A questão que se coloca é se estas bactérias são um sinal precoce para a carcinogénese?

Será que intervenções como alterações e modificações na dieta e no tabagismo têm um efeito no microbioma e podem travar o processo da doença? Foi estabelecido que o microbioma é uma perspetiva vasta e fascinante na biologia do cancro. Por exemplo, nos seres humanos, a doença das gengivas causada por infecções bacterianas está associada a um risco elevado de cancro do pâncreas. Nos ratinhos, os tumores pulmonares parecem alterar a população de bactérias próximas, ajudando os tumores a crescer e, curiosamente, os antibióticos parecem diminuir os tumores. Experiências em ratos associaram mesmo um microbioma intestinal a um maior risco de cancro da mama. A Helicobacter pylori pode ser tratada com antibióticos e, como resultado, a taxa de cancro do estômago diminuiu significativamente.

## Prevenção através do diagnóstico

Em muitos tumores, decorrem 20 anos ou mais entre o crescimento da primeira célula cancerígena e o aparecimento da doença metastática em fase terminal. O conhecimento da biologia básica de qualquer cancro pode levar à criação de novas tecnologias que constituem uma solução para prevenir futuras doenças malignas. Esta perspetiva será transformadora para os cancros que são assintomáticos até fases tardias.

Entretanto, refira-se a descoberta de proteínas que sinalizam os tumores primários, o ADN, o ARN, as pequenas moléculas, as células tumorais circulantes, as células imunitárias e outros organismos biológicos infinitesimais. Os cientistas estão também a desenvolver biomarcadores artificiais que utilizam o próprio corpo para transmitir sinais precoces de doença.

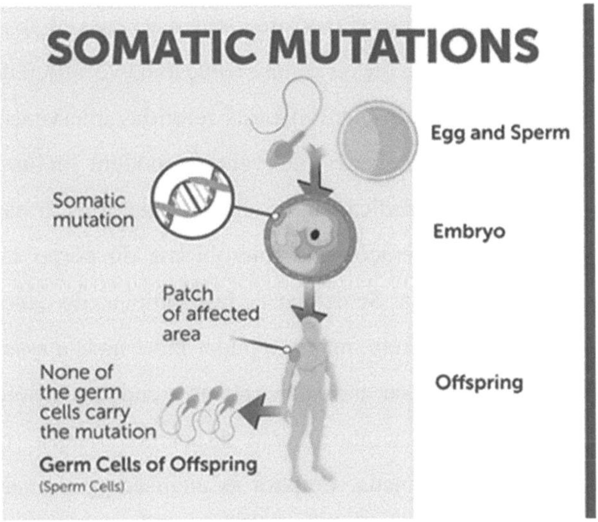


**Figura 5.** Cancro

Estão a tentar fazer com que esta tecnologia de rastreio seja suficientemente avançada para detetar, em quatro litros de sangue, duas moléculas suspeitas que indicam o risco de desenvolver cancro. Em medicina clínica, o valor dos testes de despistagem é medido com base na sua sensibilidade e especificidade.

Entre estes testes, podemos mencionar os estudos genómicos, como a sequenciação do exoma completo (WES) e do genoma completo (WGS). Estes testes podem ajudar os médicos a decidir quem deve ser acompanhado mais de perto para detetar o cancro. O objetivo do rastreio é identificar as pessoas com maior risco e concentrar a atenção e os cuidados nesses indivíduos. Atualmente, existe um mecanismo de prevenção para o cancro do colo do útero e até para o cancro colorrectal. Removemos as lesões pré-cancerosas antes de se tornarem cancerosas, mas no caso do cancro da mama, a deteção precoce é essencial. Porque não existem fortes mecanismos de prevenção. A estratificação do risco dos doentes ajuda a identificar eficazmente os doentes de alto risco através da prevenção e do diagnóstico precoce, mas diagnosticar o cancro nas fases iniciais ou prever a sua evolução não é suficiente.

O mais importante é ter um plano para as referidas intervenções e que esse plano seja exequível. Essas intervenções podem incluir cirurgia, vacinas contra o cancro, medicamentos anti-inflamatórios, tratamento de quimioterapia padrão, alterações no microbioma do corpo ou mesmo mudanças no estilo de vida. Se detetar as fases iniciais do cancro com o método de diagnóstico correto, mas não puder fazer nada a esse respeito, esse resultado só pode causar ansiedade. Há uma citação de Sófocles que por vezes utilizamos: O conhecimento é apenas tristeza, quando a sabedoria não serve para nada. Embora as análises genómicas tenham fornecido uma boa descrição molecular do cancro, os investigadores ainda não sabem como e quando as células começam a tornar-se malignas.

## Que alterações genéticas podem levar ao cancro?

Diferentes tipos de alterações genéticas podem levar ao cancro. Uma alteração genética, designada mutação do ADN ou variante genética, é uma alteração no código do ADN. Por vezes, pode faltar um nucleótido ou este pode ser substituído por outro nucleótido, o que se designa por mutações pontuais. Por exemplo, cerca de 5% das pessoas com cancro têm uma mutação pontual no gene KRAS, que substitui a letra G pela letra A. Esta alteração de uma única letra provoca uma proteína KRAS anormal que faz com que a célula cresça continuamente. As alterações genéticas causadoras de cancro podem ocorrer quando secções de ADN são apagadas ou copiadas. Estas alterações são designadas por rearranjos cromossómicos.

Por exemplo, a maioria das leucemias xilogénicas crónicas (um tipo de cancro do sangue) é causada por um rearranjo cromossómico que coloca parte do gene BCR junto ao gene ABL. Este rearranjo cria uma proteína anormal chamada BCR-ABL, que faz com que as células leucémicas cresçam fora de controlo. Algumas alterações do ADN causadoras de cancro ocorrem fora dos genes, em partes do ADN que regulam genes próximos. É o que acontece nas células cancerígenas do cérebro. Outras alterações do ADN, conhecidas como alterações epigenéticas, também podem causar cancro. Ao contrário das variantes genéticas, as alterações epigenéticas podem ser reversíveis e não afectam o código do ADN. Algumas substâncias e produtos químicos presentes no ambiente que provocam alterações genéticas também podem provocar alterações epigenéticas, como o fumo do tabaco, metais pesados como o cádmio e vírus como o vírus Epstein-Barr.

**Cancro e testes genéticos**

Os testes genéticos procuram alterações hereditárias específicas nos genes de uma pessoa. Por vezes, o cancro pode parecer estar presente nas famílias, mesmo que não seja causado por um tipo hereditário. Por exemplo, um ambiente ou estilo de vida partilhado, como o consumo de tabaco, pode causar cancros semelhantes entre os membros da família.

No entanto, certos padrões observados nos membros da família, como os tipos de cancro que se desenvolvem, outras doenças não cancerosas que são observadas e a idade em que o cancro normalmente se desenvolve, podem indicar uma predisposição hereditária para o cancro. Foram identificados os genes envolvidos em muitas síndromes de suscetibilidade hereditária ao cancro. Testar se uma pessoa é portadora de uma variante prejudicial num destes genes pode confirmar se uma doença é realmente o resultado de uma síndrome hereditária.

Os testes genéticos também são utilizados para determinar se os membros da família que não têm cancro herdaram a mesma variante que um membro da família que tem uma variante prejudicial (propensa ao cancro). Outro tipo de teste genético, chamado sequenciação do ADN tumoral, é por vezes feito para determinar se as células cancerígenas de pessoas a quem já foi diagnosticado cancro têm alterações genéticas que podem ser usadas para orientar o tratamento.

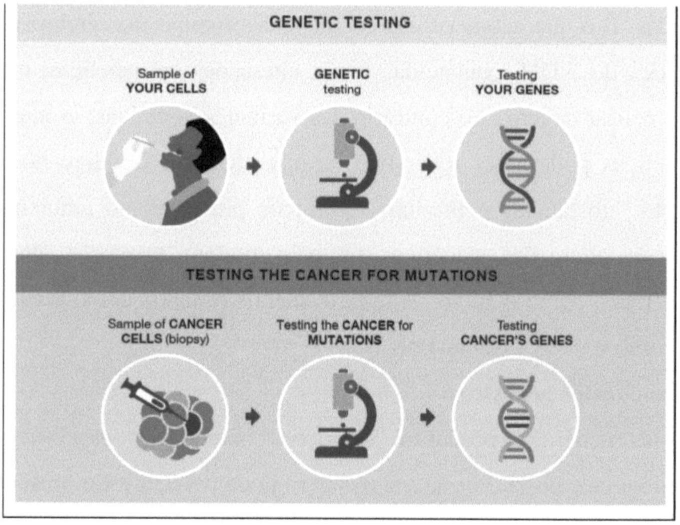


**Figura 6.** O que é o teste genético do cancro?

**Que testes genéticos estão disponíveis para avaliar o risco de cancro?**

Mais de 50 síndromes de cancro foram definidas como hereditárias. A maioria destes casos é causada por uma mutação que é herdada de forma autossómica dominante, o que significa que uma versão alterada de um gene herdado de um dos pais é suficiente para aumentar a probabilidade de uma pessoa desenvolver cancro. Para a maioria destas síndromes, estão disponíveis testes genéticos. Existem também testes para várias mutações genéticas hereditárias que não estão diretamente relacionadas com o cancro em si, mas que aumentam o risco de cancro. Por exemplo, variantes no PALB2 (associadas a um risco aumentado de cancro da mama e do pâncreas), CHEK2 (cancro da mama e colorrectal), BRIP1 (cancro do ovário) e RAD51C e RAD51D (cancro do ovário).

**Quem deve considerar a realização de testes genéticos para avaliar o risco de cancro?**

As pessoas preocupadas em saber se a sua história familiar as coloca em risco de cancro devem consultar um conselheiro genético. História médica pessoal ou familiar As caraterísticas da história médica que podem indicar uma síndrome de cancro hereditário incluem

- ✓ O cancro foi diagnosticado numa idade invulgarmente jovem.
- ✓ Vários tipos diferentes de cancro ocorreram na mesma pessoa.
- ✓ Cancro em dois ou mais órgãos, como os dois rins ou os dois seios.
- ✓ Vários familiares de primeiro grau (pais, irmãos ou filhos de uma pessoa) têm o mesmo tipo de cancro. Familiares com cancro da mama ou dos ovários. Membros da família com cancro do cólon e cancro do endométrio.
- ✓ Casos invulgares de um determinado tipo de cancro. Por exemplo, cancro da mama num homem.
- ✓ Presença de anomalias congénitas associadas a síndromes de cancro hereditárias, tais como certos crescimentos cutâneos não cancerosos (benignos) e anomalias esqueléticas associadas à neurofibromatose tipo I.
- ✓ Pertencer a um grupo racial ou étnico que se sabe aumentar o risco de desenvolver uma síndrome de predisposição hereditária para o cancro, bem como possuir uma ou mais das caraterísticas acima referidas.

Se uma pessoa está preocupada com a possibilidade de existir uma síndrome de predisposição hereditária para o cancro na sua família, é geralmente recomendado que, se possível, um membro da família com cancro se submeta primeiro a aconselhamento e testes genéticos, para ter mais certezas. Identificar o cancro na família. Se alguém na família já tiver sido diagnosticado com a síndrome de predisposição hereditária para o cancro, todos os membros da família que possam ter herdado a variante devem considerar a realização de testes genéticos, mesmo que ainda não tenham cancro. Conhecer os seus riscos pode ajudá-los a prevenir futuros cancros.

## Qual é o papel do aconselhamento genético nos testes genéticos para a síndrome do cancro hereditário?

O aconselhamento genético é geralmente recomendado antes de qualquer teste genético para a síndrome do cancro hereditário e pode ser feito após o teste. Especialmente se o resultado for positivo e a pessoa precisar de saber mais sobre a síndrome de predisposição hereditária para o cancro que foi identificada. Este aconselhamento deve ser efectuado por um conselheiro genético especializado. O aconselhamento genético abrange normalmente muitos aspectos do processo de teste. Incluindo:

- ✓ Avaliação do risco de cancro hereditário com base na história clínica pessoal e familiar.
- ✓ A adequação dos testes genéticos e os possíveis danos e benefícios dos testes.
- ✓ Implicações médicas dos resultados positivos, negativos e indeterminados dos testes.
- ✓ A probabilidade de o resultado do teste ser possível não nos informa diretamente.
- ✓ Riscos e benefícios psicológicos dos resultados dos testes genéticos.

- ✓ O risco de transmissão de um tipo de doença às crianças.
- ✓ O impacto do teste na família.
- ✓ O melhor teste a fazer.
- ✓ Explicação dos testes específicos que podem ser utilizados e da exatidão do teste e da sua interpretação.

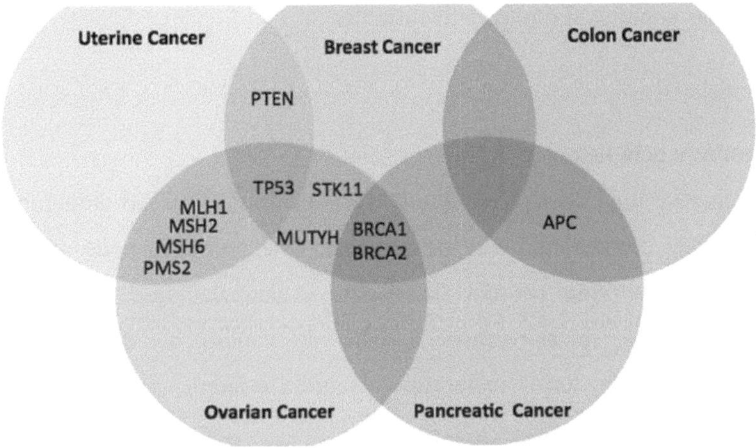


**Figura 7.** Genética do cancro do ovário: Muitos genes, muitos testes

O aconselhamento genético pode também incluir recomendações para cuidados preventivos e rastreios com o doente, encaminhando-o para grupos de apoio e outras fontes de informação, e fornecendo-lhe apoio emocional.

Aprender sobre estas questões é uma parte importante do processo de consentimento informado para os testes genéticos. O consentimento informado por escrito é normalmente obtido antes de se prescreverem testes genéticos. Ao contrário da maioria dos outros testes médicos, os testes genéticos podem revelar informações não só sobre a pessoa que está a ser testada, mas também sobre os familiares dessa pessoa. As relações familiares podem ser afectadas quando um membro da família revela resultados de testes genéticos que podem ter implicações para outros membros da família.

Os membros da família podem ter opiniões diferentes sobre a utilidade de saber se têm uma variante genética associada a uma doença. As discussões sobre saúde podem tornar-se complicadas quando alguns membros da família conhecem o seu estatuto genético e outros não. Falar com geneticistas pode ajudar os membros da família a compreender as escolhas complexas que podem enfrentar.

## Cancro e genética

O cancro é uma doença em que o crescimento e a divisão de algumas células do corpo ficam fora de controlo. Este problema pode afetar a qualidade de vida pessoal da pessoa e daqueles que a rodeiam. Especialmente se estivermos a falar de cancro hereditário e da possibilidade de outros membros da família estarem envolvidos nesta doença.

## Como é que a genética está relacionada com o cancro?

As células cancerosas e todas as células do nosso corpo partilham aproximadamente 22.000 genes. A diferença entre as células cancerosas e as células saudáveis é que, nas células cancerosas, alguns genes perderam as suas actividades normais devido a algumas mutações. A perceção comum é que sempre que falamos de genética e de doença genética, significa que estas alterações genéticas indesejáveis são herdadas da família, mas é preciso dizer que há vários factores envolvidos na ocorrência de mutações genéticas no cancro. Tal como os factores ambientais e de estilo de vida e, claro, a hereditariedade também desempenha um papel importante, o que significa que herdar certas alterações genéticas do pai ou da mãe aumenta o risco de certos tipos de cancro.

## Mutações hereditárias

As alterações genéticas hereditárias que conduzem a doenças hereditárias são transmitidas pela família. Uma vez que todas as células do corpo humano são criadas a partir de duas células primárias, o óvulo ou o esperma, a presença de mutações em qualquer uma das células pode ser transmitida à geração seguinte, fazendo com que a doença seja transmitida de pais para filhos. A pergunta de muitas pessoas é se o cancro é herdado do pai ou da mãe? De facto, nos cancros hereditários, os filhos de pessoas portadoras desses genes, independentemente de serem pai ou mãe, têm 50% de hipóteses de receber esses genes dos seus pais. Alguns tipos de cancro são mais prováveis de serem hereditários. Por exemplo, o cancro da mama, dos ovários, do cólon e da próstata podem ser hereditários.

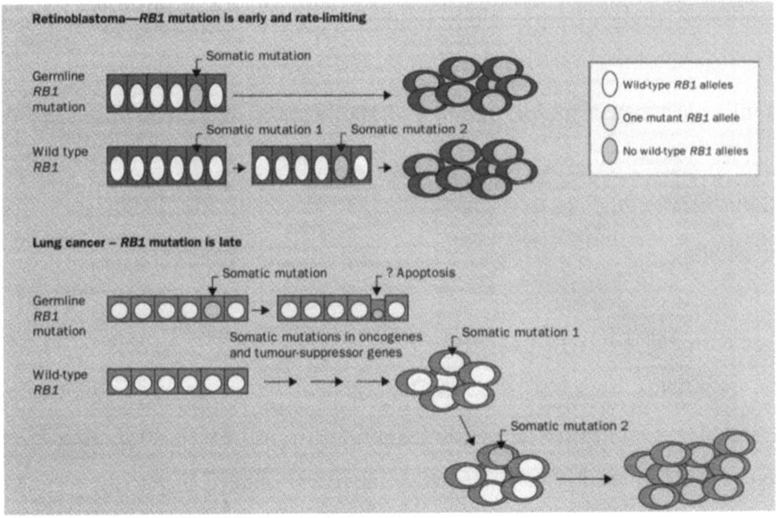


**Figura 8.** A promessa da genética do cancro - The Lancet

## Mutações adquiridas

Estas alterações genéticas ocorrem ao longo da vida. Começam numa célula e depois são transferidas para novas células que são criadas a partir dessa célula. Estas alterações não são transmitidas à geração seguinte e são causadas por factores ambientais, como a exposição à radiação ou a determinados produtos químicos, e são causadas por alterações em determinadas células de uma parte do corpo. Por conseguinte, quando falamos do impacto da genética no cancro, este pode ser analisado em duas dimensões diferentes:

- Mutações adquiridas que podem ocorrer no corpo de cada pessoa durante a vida.
- As mutações e os genes com que nascemos e que herdámos dos nossos pais.

A maioria dos cancros ocorre devido a mutações num grupo específico de células ou tecidos cancerosos e não são familiares nem têm um aspeto hereditário. É de salientar que a base genética de todos os cancros familiares ainda não foi determinada e há casos em que, apesar de se observar o padrão hereditário do cancro entre as diferentes gerações da família, a causa principal ainda é desconhecida. A grande maioria dos cancros ocorre aleatoriamente devido ao que chamamos de mutações adquiridas, e apenas cerca de 10% são devidos aos genes com que nascemos.

## Que cancros são hereditários?

Os cientistas descobriram muitos genes hereditários e mutações associadas a cada tipo de cancro. Também foram descobertas mutações que podem aumentar o risco de desenvolver mais do que um tipo de cancro. Por exemplo, uma mutação genética que aumenta o risco de cancro da mama nas mulheres pode também aumentar o risco de cancro do ovário. A investigação sobre os genes que colocam as pessoas em risco de desenvolver vários tipos de cancro continua. No entanto, alguns cancros são mais importantes em termos de hereditariedade. Alguns dos cancros hereditários mais importantes são apresentados a seguir:

- ✓ Cancro do ovário.

- ✓ Cancro da mama.
- ✓ Cancro da pele.
- ✓ Cancro da próstata.
- ✓ Cancro do cólon.
- ✓ Cancro da tiroide.
- ✓ Cancro do pâncreas.
- ✓ Cancro dos rins.
- ✓ Cancro gástrico.

O número de cancros hereditários é muito maior, mas a prevalência dos tipos acima referidos é superior à dos outros tipos.

**O cancro do pulmão é hereditário?**

Considerando que o cancro do pulmão é o cancro mais comum em todo o mundo e tem uma elevada taxa de mortalidade, a preocupação de algumas pessoas com um familiar com cancro do pulmão é saber se o cancro do pulmão é hereditário. Em resposta a esta pergunta, deve dizer-se que a maioria das alterações genéticas que aumentam o risco de cancro do pulmão.

Acontece durante a vida de uma pessoa e, raramente, uma pessoa herda estas mutações dos seus pais. Se tiver um pai, um irmão ou uma irmã com cancro do pulmão, tem duas a três vezes mais probabilidades de o desenvolver do que uma pessoa sem antecedentes familiares da doença, mas o facto de ter um familiar com cancro do pulmão não significa que o venha a ter. Vai apanhar esta doença. O principal fator de risco associado ao cancro do pulmão é o fumo do tabaco. No entanto, cerca de 10% a 25% de todos os casos de cancro do pulmão ocorrem em doentes que nunca fumaram e apenas cerca de 8% dos cancros do pulmão têm uma história familiar.

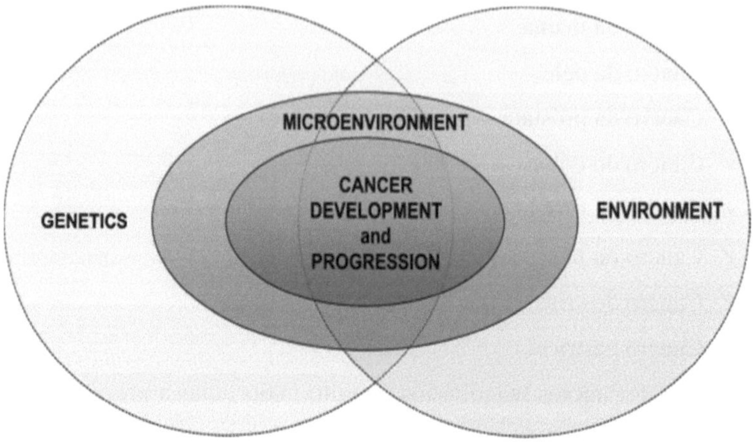


**Figura 9.** Relatório de consenso dos 8º e 9º Simpósios Weinman

**A leucemia é hereditária?**

Os diferentes tipos de leucemia são causados por mutações no ADN das células sanguíneas. Estas mutações genéticas alteram a forma como as células sanguíneas são produzidas na medula óssea, ou impedem que estas células funcionem corretamente, mas normalmente não são herdadas e não são herdadas da família e são adquiridas. Isto significa que a sua ocorrência depende de factores de risco no estilo de vida, como o tabagismo, a exposição a determinados produtos químicos e a radiação. A síndrome do cancro mieloide é o cancro do sangue hereditário mais comum. A probabilidade de contrair este cancro é maior nas pessoas que têm um irmão ou um pai com esta doença do que nas pessoas que não têm antecedentes familiares desta doença, mas apenas um pequeno número de casos está incluído.

**O cancro do cólon é hereditário?**

O envelhecimento, a doença inflamatória intestinal, uma dieta pobre em fibras e rica em gorduras, o álcool e o tabaco, um estilo de vida sedentário e uma história familiar são factores que aumentam o risco de cancro do cólon. A maioria dos cancros do cólon surge em pessoas que não têm antecedentes familiares desta doença. 1 em cada 3 pessoas que contraem cancro do cólon tem um familiar que o contraiu. Duas importantes síndromes hereditárias de cancro do cólon são

- ✓ Cancro colorrectal hereditário sem polipose (HNPCC).
- ✓ Pólipo adenomatoso familiar (PAF).

Estes dois tipos de cancro representam menos de 5% de todos os cancros do cólon. No entanto, são hereditários. Se tem uma história familiar de pólipos adenomatosos ou de cancro colorrectal, fale com o seu médico sobre a eventual necessidade de iniciar o rastreio antes dos 45 anos. Se já teve pólipos adenomatosos ou cancro colorrectal, informe os seus familiares próximos, para que eles possam transmitir esta informação aos seus médicos e iniciar o rastreio numa idade adequada.

**O cancro da mama é hereditário?**

O cancro da mama é o tipo de cancro mais comum nas mulheres. De acordo com a American Cancer Society, 1 em cada 8 a 12 mulheres desenvolverá cancro da mama durante a sua vida. Ao mesmo tempo, se for diagnosticado a tempo, a possibilidade de tratar este tipo de cancro é muito elevada. Um dos factores de risco do cancro da mama é a genética. Pode herdar dos seus pais alterações em determinados genes que podem aumentar o risco de desenvolver cancro da mama. Cerca de 10% dos cancros da mama são causados por alterações genéticas hereditárias. Os testes genéticos podem ajudar a identificar as alterações genéticas que aumentam o risco de cancro da mama, para que possam ser tomadas medidas de prevenção e controlo no momento certo após o diagnóstico. A influência dos genes no cancro da mama está comprovada há vários anos.

As mutações nos genes BRCA1 e BRCA2 são a causa mais comum de cancro da mama hereditário. Nas células normais, estes genes ajudam a produzir proteínas que reparam o ADN danificado. As versões mutantes destes genes podem levar a um crescimento anormal das células e ao cancro. De acordo com o National Cancer Institute, 1 em cada 400 pessoas na comunidade tem uma mutação BRCA. Cerca de 55-72% das mulheres com uma mutação BRCA1 e 45-89% das mulheres com uma mutação BRCA2 desenvolverão cancro da mama até aos 80 anos. É importante notar que as mulheres com um historial familiar correm um risco maior.

Por exemplo, ter um familiar de primeiro grau com cancro da mama quase duplica o risco. Ter 2 familiares em primeiro grau aumenta este risco cerca de 3 vezes. Este é um bom exemplo do efeito da hereditariedade na ocorrência do cancro da mama. As mulheres que têm um pai ou um irmão que teve cancro da mama também correm um risco mais elevado de desenvolver cancro da mama.

## O cancro do colo do útero é hereditário?

No passado, o cancro do colo do útero era uma das causas mais comuns de morte nas mulheres. Hoje em dia, com a ajuda do teste de Papanicolau, os médicos podem diagnosticar o cancro do colo do útero muito mais cedo e tratá-lo antes que se desenvolva. É por isso que o rastreio regular e a compreensão do risco de cancro do colo do útero são muito importantes. Um dos factores de risco do cancro do colo do útero é ter uma mãe ou irmã com cancro do colo do útero. No entanto, isto não significa que o cancro do colo do útero seja genético ou que esteja sempre presente nas famílias. Foram estudados vários factores de risco para o cancro do colo do útero.

Muitos destes factores de risco demonstraram ter uma associação mais forte do que a hereditariedade. Incluindo a infeção pelo vírus do papiloma humano (HPV), outras doenças sexualmente transmissíveis, como o herpes genital e a clamídia, também estão associadas a um maior risco de cancro do colo do útero. Um sistema imunitário fraco e o tabagismo são outros factores que aumentam o risco de cancro do colo do útero.

Os dois tipos mais comuns de cancro do colo do útero (células escamosas ou adenocarcinoma) não são hereditários. No entanto, o risco de certos tipos raros de cancro do colo do útero é aumentado por duas mutações no gene DICER1 e pela síndrome de Potez-Jegger (PJS).

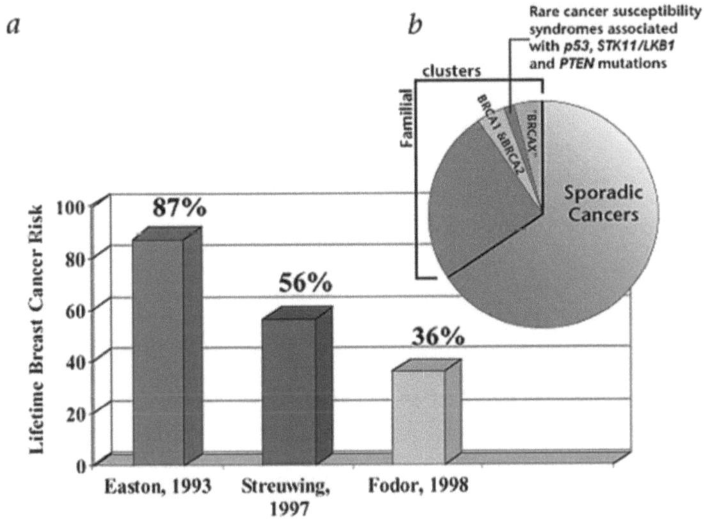


**Figura 10.** Genética do cancro da mama: O que sabemos e o que precisamos

# Capítulo II

## *Como prevenir o cancro hereditário?*

Não é possível alterar alguns factores de risco de cancro, como o envelhecimento ou a herança de certas alterações genéticas, mas, ao contrário do que algumas pessoas pensam, se tiverem uma história familiar de cancro, não há nada que possam fazer para prevenir o cancro. Há certas medidas que podem ser tomadas para reduzir o risco de desenvolver cancro.

Em primeiro lugar, é importante mencionar que a maioria das pessoas que têm uma história familiar de cancro não correm, definitivamente, o risco de desenvolver cancro. No entanto, se houver uma história familiar de cancro, uma das melhores formas de prevenir o cancro ou de o detetar precocemente é fazer um teste genético do cancro. O teste genético do cancro ajuda a clarificar o seu risco e a determinar quais os cancros que correm maior risco de desenvolver.

Em seguida, se tiver esta predisposição genética para o cancro, as seguintes medidas preventivas são importantes para si, sob a supervisão de um médico especialista. Por exemplo, iniciar os rastreios periódicos mais cedo ou mais frequentemente ou, por vezes, com um método diferente do das outras pessoas.

Neste caso, a possibilidade de diagnosticar uma possível doença em si ocorrerá muito mais cedo, o que aumenta consideravelmente as hipóteses de recuperação. Além disso, em alguns casos, como o cancro da mama hereditário, é possível realizar cirurgias preventivas para reduzir o risco de infeção e aumentar o tratamento atempado em 90%. Para além dos aspectos acima mencionados, as mudanças no estilo de vida e o afastamento dos factores ambientais que causam cancro, como não fumar e não consumir álcool, mudar os hábitos alimentares e praticar atividade física, desempenham um papel muito importante na prevenção da ocorrência de todos os tipos de cancro, incluindo os cancros hereditários.

**O que é o teste genético do cancro?**

Os testes genéticos procuram alterações nos genes que estão associadas a um maior risco de cancro. Existem muitas opções de testes genéticos. As alterações genéticas que podem ser investigadas em diferentes tipos de testes podem ser diferentes. O tipo de teste pode variar consoante o tipo de cancro na sua história familiar.

Por exemplo, se houver uma história familiar de cancro da mama e dos ovários, a recomendação dos especialistas é a realização de um teste genético do cancro da mama, em que é feito um estudo específico dos genes relacionados com estes tipos de cancros para o indivíduo. Existe outra opção para verificar os genes envolvidos no cancro. Neste teste, todo o genoma da pessoa é examinado em termos de genes identificados e relacionados com o cancro. Este teste é menos preciso do que os testes específicos para cada cancro, mas o número de genes examinados é maior. O processo de teste genético é o seguinte:

- ❖ O médico ou o conselheiro genético examina o seu historial clínico pessoal e familiar para determinar se é ou não um candidato adequado para fazer um teste genético.
- ❖ Ser-lhe-ão explicadas informações sobre a forma como os genes relacionados com o cancro são herdados, como funcionam os testes genéticos, as vantagens, desvantagens e limitações dos testes genéticos e as potenciais implicações médicas dos resultados dos testes.
- ❖ Se tiver decidido fazer o teste, ser-lhe-á colhida uma amostra para iniciar o teste. A amostra utilizada consiste normalmente numa amostra de sangue venoso do braço, que não precisa de estar em jejum. Por vezes, é possível recolher amostras das células dos tecidos envolvidos.

- ❖ Em seguida, são efectuados testes e análises genéticas complexas à sua amostra. Este passo é moroso e pode demorar várias semanas.
- ❖ Os resultados serão fornecidos ao seu médico, para que ele possa explicar-lhe e ajustar os possíveis passos seguintes.

**O que se pode esperar do resultado do teste genético do cancro?**

Em geral, os testes genéticos são bastante precisos na deteção de variantes genéticas conhecidas do cancro, mas estes testes não podem dizer se irá ou não desenvolver cancro. Obter um resultado positivo significa que corre um risco mais elevado de desenvolver cancro do que a população em geral, mas não significa que venha definitivamente a desenvolver cancro no futuro. É possível que nunca venha a ter cancro.

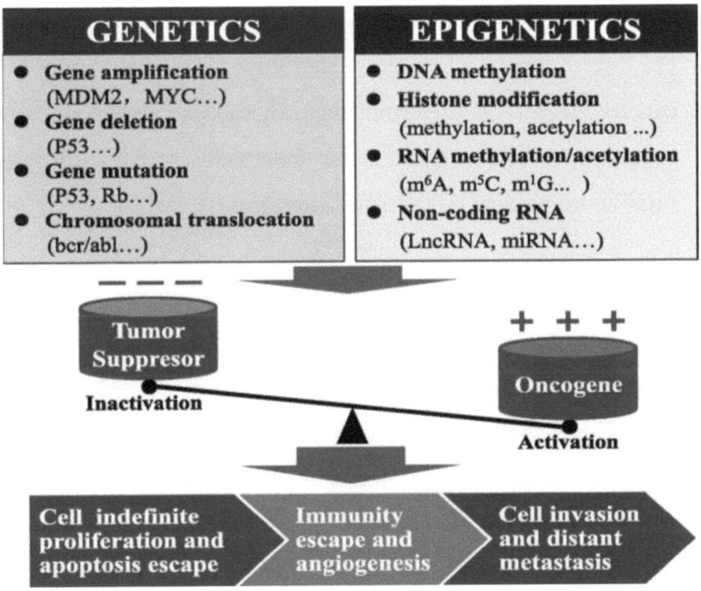


**Figura 11.** A genética e a epigenética anormais contribuem para o cancro

Do mesmo modo, um resultado negativo não significa que nunca venha a desenvolver cancro.

Lembra-te:

- ✓ Que os testes genéticos não cobrem todas as alterações genéticas. É possível ter uma mutação que não foi detectada no seu teste ou que não se provou estar associada ao cancro.
- ✓ O cancro pode ainda desenvolver-se em pessoas sem a mutação genética.
- ✓ Nem todos os cancros são hereditários, embora todos sejam causados por alterações nos genes.
- ✓ Entre os tipos de mutações genéticas no cancro, o tipo adquirido é muito mais comum do que as mutações hereditárias, e a maioria dos cancros é causada por mutações adquiridas.
- ✓ Alguns cancros específicos têm um aspeto hereditário mais forte, como o cancro da mama, do cólon, do pâncreas, etc.
- ✓ Os testes genéticos podem determinar se é mais propenso ao cancro devido a determinadas alterações genéticas no seu organismo e são frequentemente efectuados se tiver um historial familiar ou pessoal de determinados tipos de cancro.

Deve ter em atenção que a maioria dos genes envolvidos nesta doença tem um padrão de hereditariedade dominante. Isto significa que basta uma cópia do gene alterado do pai ou da mãe para aumentar o risco da doença nos filhos. Na continuação da explicação anterior, é necessário prestar atenção ao facto de que todas as pessoas que herdam mutações nos genes relacionados com o cancro.

No final, não irão contrair cancro, mas aumentam a probabilidade de contrair cancro. Por fim, se tem um risco elevado de cancro da mama hereditário, não se preocupe. Lembre-se de que, embora exista um risco acrescido de cancro em pessoas com antecedentes familiares, se melhorar o seu estilo de vida, praticar exercício físico, comer os alimentos certos e estiver constantemente atenta à saúde do seu corpo, pode reduzir significativamente o risco de cancro. O risco de cancro da mama e a sua hereditariedade são maiores quando um ou mais dos seguintes factores estão presentes:

- Causas e causas agrupadas em parentes próximos do sexo feminino.
- Idade precoce (menos de 50 anos) do cancro.
- Ocorrência de duas estirpes da doença.
- Incidência adicional de cancro do ovário.

De acordo com fontes científicas, uma em cada 70 mulheres virá a ter cancro do ovário e a incidência deste cancro aumenta com a idade. Quase 5% das mulheres afectadas têm uma história familiar. Nas famílias com várias mulheres afectadas, a idade de início é 10 a 15 anos mais cedo do que no cancro do ovário não hereditário na população normal. O cancro da próstata é o cancro mais comum nos homens e, a seguir ao cancro da mama, é o cancro mais comum nos seres humanos.

O risco de vida nos homens afectados é de 10% e a probabilidade de morte é de 3%. Estudos familiares demonstraram que os familiares de primeiro grau de um homem com este cancro têm 2 a 5 vezes mais probabilidades de desenvolver este cancro do que a população em geral. Para identificar a suscetibilidade a um cancro na família, de modo a informar os outros membros da família e a tomar medidas preventivas, deve ter-se em conta o seguinte

- Vários familiares próximos (primeiro ou segundo grau) com um cancro comum.
- Múltiplos parentes próximos com cancros relacionados, como o da mama e do ovário ou do intestino e do endométrio.
- Dois membros da família com o mesmo cancro raro.
- A idade invulgar de início precoce do cancro.

- Tumores bilaterais nos órgãos da placenta.
- Tumores simultâneos ou tumores sucessivos.
- Tumores em dois órgãos diferentes numa mesma pessoa.

**Como é que o cancro se desenvolve no corpo?**

Na maioria das vezes, o cancro cria uma massa no corpo, mas em alguns tipos de cancro, não é criada qualquer massa ou tumor, mas as células danificadas vão para outras partes do corpo devido à circulação sanguínea, onde ocorre a formação do tumor. Vale a pena mencionar que a célula tumoral, que se divide mais vezes do que as células circundantes, tem caraterísticas de superfície alteradas.

Além disso, ocorre a especificidade da célula que lhe dá origem. Um tumor maligno desloca-se para os gânglios linfáticos e tecidos próximos e metastatiza através da corrente sanguínea. Ou seja, uma célula cancerígena pode deslocar-se com a circulação sanguínea e criar tumores secundários.

**Os cancros são genéticos?**

A ocorrência de cancros deve-se a três razões: "sorte e coincidência", "factores de risco ambientais" e "hereditários e familiares", e os cancros são considerados diversos em termos destas três causas de ocorrência, mas todos os cancros se devem, em última análise, a alterações e mutações prejudiciais que ocorrem nos genes. Entre os três factores que se diz classificarem os cancros, cerca de 25% dos cancros são "hereditários" e, nesta situação, o cancro ocorre quando os membros da família são afectados por factores genéticos comuns combinados com um ambiente comum que leva à criação de um cancro específico.

**Que cancros hereditários podem ser submetidos a testes genéticos?**

Cerca de 10% dos cancros que são hereditários ou que têm um componente genético específico podem ser tratados com testes genéticos para reduzir o risco de desenvolvimento de cancro num indivíduo ou membros da família em risco. Para além dos testes genéticos, o aconselhamento genético também pode ajudar a determinar em que categoria se enquadra o cancro hereditário de uma pessoa e também a prever a gravidade do risco de cancro.

**Que tipos de genes são testados durante os testes genéticos?**

As mutações genéticas podem ser comparadas a erros ortográficos num manual de instruções. As alterações e mutações dos genes no nosso corpo são seguras ou perigosas. Os testes genéticos procuram alterações genéticas nocivas no organismo que podem causar uma doença genética numa pessoa. Por exemplo, a maioria dos cancros da mama e dos ovários está associada a mutações nos genes BRCA1 e BRAC2. Além disso, foram identificados outros painéis de genes que aumentam o risco de desenvolver cancros como o do cólon, pâncreas, próstata, fígado, útero e endométrio.

**Se eu tiver uma mutação genética conhecida, terei o cancro associado a ela?**

Herdar uma mutação genética prejudicial significa que corre o risco de desenvolver cancro, mas não significa necessariamente que irá desenvolver cancro durante a sua vida. Se o teste genético mostrar que tem um risco aumentado de desenvolver cancro, pode ser necessário fazer o rastreio o mais rapidamente possível. O conselheiro genético explicará o risco de cancro associado à mutação genética e as recomendações de rastreio com base nos resultados do teste genético.

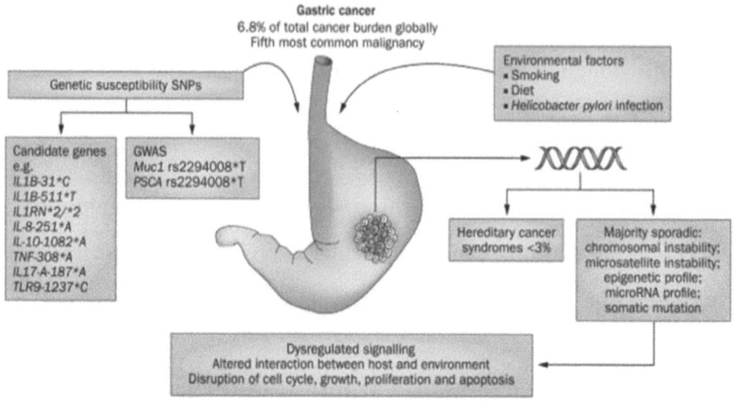


**Figura 12.** Genética do cancro gástrico

**O que deve ser considerado para os testes genéticos?**

- ✓ Os médicos especialistas determinam o enquadramento dos testes genéticos com base nos antecedentes pessoais de cancro, nos antecedentes familiares de cancro e noutros factores.
- ✓ Os seguros de saúde podem não cobrir a totalidade ou parte dos custos dos testes genéticos. Por conseguinte, existe a possibilidade de um aumento do custo dos testes genéticos.
- ✓ Se tem cancro e está a lutar contra ele, os testes genéticos podem ajudar os seus prestadores de cuidados de saúde e os médicos que o tratam a escolher uma forma mais precisa de tratar a sua doença. Devido à forte relação entre a ocorrência de cancro e as mutações genéticas, alguns tratamentos respondem melhor a alguns cancros e um tratamento mais preciso pode gerir o risco da doença.
- ✓ Os resultados do seu teste genético também podem ajudar outros membros da família a saber qual a mutação genética que herdaram, a planear o rastreio e a prevenção do cancro ou o controlo da doença e a tomar as decisões certas para se manterem saudáveis.

**Como é que me posso preparar para o aconselhamento sobre testes genéticos?**

- ✓ A recolha de um historial médico e de saúde familiar preciso é a coisa mais importante na preparação para os testes genéticos.
- ✓ Tente recolher informações sobre os seus familiares e os tipos de cancro que lhes podem ter ocorrido.
- ✓ Descubra se os seus familiares tiveram, ou têm atualmente, determinados cancros. Já fez um teste genético? Se não tiver sido feito nenhum teste genético anterior, a melhor pessoa para fazer o teste é um familiar com cancro.
- ✓ Outro aspeto a ter em conta antes do aconselhamento genético é o objetivo do teste genético. Por exemplo, os doentes mais jovens querem frequentemente ser informados dos seus riscos para poderem submeter-se a rastreios adicionais. Os doentes mais velhos, especialmente aqueles que sobreviveram ao cancro, podem estar dispostos a recolher e partilhar informações com as suas famílias e ajudar os outros membros a evitar mutações genéticas potencialmente prejudiciais que possam ter herdado.

**Só terei cancro se tiver o gene BRCA ou um dos outros genes conhecidos?**

Uma ideia errada comum é que cada um de nós tem ou não tem o gene BRCA. É preciso saber que todas as pessoas têm o gene BRCA e outros genes relacionados com a ocorrência de cancros. O papel destes genes no organismo é prevenir o cancro. Quando ocorre uma mutação ou uma alteração nociva num destes genes e faz com que os genes não funcionem corretamente, existe a possibilidade de cancro, mas é de notar que as pessoas que não têm esta mutação genética nociva estão sempre em risco de desenvolver cancro. estão ao cancro No entanto, as suas probabilidades de o contrair são menores do que as das pessoas que têm uma mutação genética causadora de cancro ou que herdaram esta mutação genética.

**É mais provável herdarmos mutações genéticas causadoras de cancro dos nossos pais do mesmo sexo?**

Ou será que a nossa semelhança biológica com o nosso pai ou a nossa mãe tem algum efeito na herança de mutações genéticas cancerígenas? Cada pessoa tem duas cópias de cada gene que herda dos seus pais. Qualquer cópia de uma alteração genética comum ou prejudicial num progenitor pode ser transmitida ao seu filho. A probabilidade de uma criança herdar alterações genéticas normais ou prejudiciais dos seus pais é de 50-50. As pessoas pensam frequentemente que o risco de certos cancros hereditários, como o cancro da mama e do ovário, não pode ser transmitido pelos homens, o que não é verdade. Todas as pessoas, independentemente do sexo biológico, podem ser um fator de risco hereditário para qualquer tipo de cancro e transmiti-lo a qualquer um dos seus filhos.

**O que deve ser feito para ajudar a prevenir a ocorrência de cancro, especialmente no caso de se herdar uma mutação genética causadora de cancro?**

Se herdou certas mutações genéticas, deve dizer-se que, embora não possa alterar essas mutações genéticas em si próprio, pode controlar alguns dos factores ambientais que contribuem para o cancro. Uma alimentação saudável, uma atividade física suficiente, evitar todas as causas de risco de cancro, como o consumo de álcool, o tabagismo, o consumo de ópio e de outros derivados de drogas, têm um efeito muito importante na prevenção dos cancros e, independentemente da história hereditária e familiar de cancros, é importante que tenha um estilo de vida saudável.

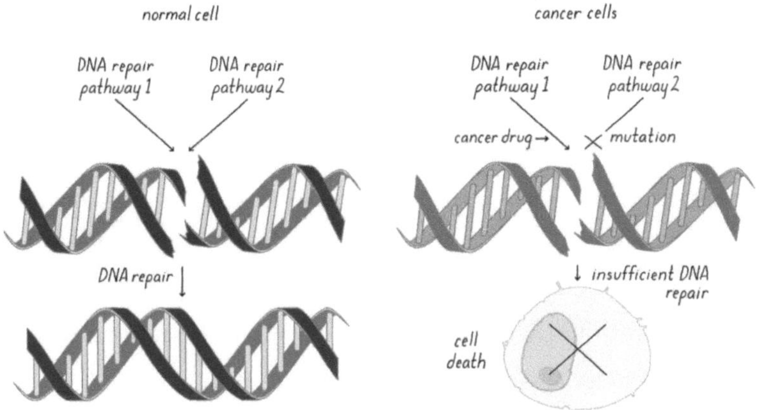


**Figura 13.** A base genética do cancro

**Testes genéticos para determinar o risco de cancro**

O que se pode encontrar durante um teste genético para determinar o risco de cancro? Porque é que os pode encontrar, o que significam e o que deve ser feito? Se tiver um risco mais elevado de cancro, quais são as melhores opções? Normalmente, os testes genéticos só são efectuados se o indivíduo e a equipa de saúde considerarem que é do interesse do indivíduo e da sua família. São necessários vários passos antes da realização do teste.

**1- Avaliação do risco:** O primeiro passo nos testes genéticos é descobrir qual a probabilidade de ter uma determinada doença. A quantidade deste risco é determinada com base em factores como o historial médico e o padrão de doença na família da pessoa. A determinação deste risco e possibilidade pode ser efectuada por um médico, enfermeiro ou um conselheiro genético especializado. Ser-lhe-á perguntado por que razão quer fazer o teste. A sua história familiar é rastreada ao longo das gerações. O avaliador irá procurar padrões de doença na sua família. É importante, sempre que possível, confirmar as doenças da sua família com base em registos médicos ou certidões de óbito. Se o teste genético estiver relacionado com um tipo específico de cancro, poderá também ser questionado sobre o seu historial médico. Esta história pode incluir práticas de deteção precoce, história de problemas obstétricos e ginecológicos específicos das mulheres, factores de estilo de vida e exposições que podem causar cancro. Nesta fase, prestar atenção à atitude da família em relação ao cancro e discutir se um membro da família pode ser culpado de ter cancro pode muitas vezes ser útil para eventos futuros. As crenças culturais, os sistemas financeiros e de apoio também podem ter um impacto na forma como a família encara o cancro. Por conseguinte, discutir estas questões também pode ser útil nesta fase.

**2- Aconselhamento genético:** Os conselheiros genéticos receberam formação especial na sua área e têm frequentemente diplomas de pós-graduação. Alguns médicos, enfermeiros de oncologia avançada, assistentes sociais e psicólogos com formação específica podem também prestar aconselhamento genético. O objetivo do aconselhamento genético é fornecer informação neutra e imparcial ao indivíduo para que este ou o indivíduo e a sua família possam tomar a sua própria decisão sobre a realização ou não de testes genéticos. Por vezes, a necessidade de efetuar testes é clara e o prestador de cuidados de saúde recomenda a realização de testes e cuidados de acompanhamento, mas, mesmo assim, tem o direito de recusar os testes. Poderá ser mais fácil para si decidir depois de falar com um conselheiro genético.

Deve verificar com o seu fornecedor de seguros se o aconselhamento genético e os testes genéticos estão cobertos pelo seguro. Os conselheiros explicam como as famílias herdam os cancros e como os genes são transmitidos às crianças. Também discutem os tipos de cancro observados na família e fornecem uma estimativa do risco de cancro de uma pessoa. Também são discutidos os prós e os contras, os custos e as limitações dos testes, e quem na família deve considerar a realização de testes. Pode ser necessário efetuar o teste a mais do que um membro da família. Antes do teste, pode querer falar com um conselheiro sobre como os possíveis resultados o podem afetar a si e aos seus familiares.

Por exemplo, se um teste mostrar que uma pessoa tem um risco elevado de desenvolver cancro, o conselheiro pode discutir as melhores formas de o controlar. Estas podem incluir mudanças no estilo de vida, deteção precoce, estar atento aos sinais e sintomas do cancro, medicamentos para reduzir o risco de cancro ou mesmo cirurgias preventivas. Muitos destes casos exigem a competência de um consultor especializado.

O elevado risco de cancro, especialmente para as crianças, e a possibilidade de um risco elevado de cancro devido a caraterísticas raciais podem ser notícias assustadoras. O conselheiro irá explorar formas de lidar com esta situação e como enfrentar esses medos e preocupações. A forma correta de discutir os resultados dos testes e de os partilhar com outros membros da família é outro tópico importante que será abordado nas sessões de aconselhamento. O seu prestador de cuidados de saúde irá provavelmente encaminhá-lo para um conselheiro genético na sua área.

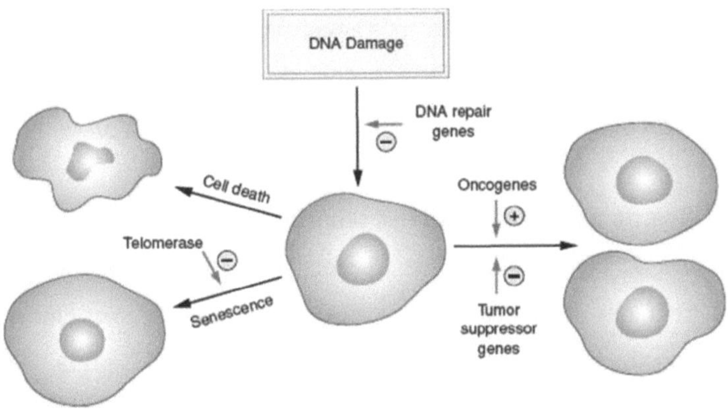


**Figura 14.** Biologia e Genética

**3- Consentimento informado:** Se decidir submeter-se a um teste genético após a avaliação do risco de infeção e a realização de aconselhamento genético, ser-lhe-á pedido que dê o seu consentimento informado por escrito. O processo de notificação a si e à sua família sobre o teste deve incluir o seguinte:

- ✓ Objetivo dos testes genéticos.
- ✓ A razão para recomendar o teste genético a si ou a outros membros da família.
- ✓ O tipo e a natureza da doença genética que o teste se destina a investigar.
- ✓ A exatidão do teste.
- ✓ Os prós e os contras de fazer o teste incluem o leque de coisas que os resultados podem dizer-lhe.
- ✓ Outros testes que pode utilizar.
- ✓ Dependendo dos resultados dos testes, podem estar disponíveis opções de rastreio ou de tratamento.
- ✓ Outras decisões a tomar poderão ser reveladas após a receção dos resultados.
- ✓ O seu eventual consentimento para a utilização dos seus resultados para fins de investigação após a realização do teste.
- ✓ Disponibilidade de serviços de consultoria e apoio.
- ✓ O seu direito de recusar o teste.

**4- Recolha de amostras e exames laboratoriais:** Após a assinatura do formulário de consentimento, serão efectuados exames laboratoriais às células retiradas do seu corpo. Os testes genéticos podem ser efectuados numa amostra de sangue, cabelo, células da bochecha, urina, líquido amniótico ou outros tecidos do corpo. Nos testes genéticos para o cancro, normalmente são colhidos vários tubos de sangue. É introduzida uma agulha fina numa veia para colher sangue.

**5- Obter os resultados do teste:** Após o teste, o conselheiro genético partilhará os resultados do teste consigo. Algumas pessoas optam por trazer um membro da família para facilitar a partilha dos resultados com outros membros da família. Os testes nem sempre dão respostas claras. No entanto, os conselheiros genéticos têm formação para o ajudar a interpretar e explicar os resultados do teste e as possíveis implicações para si e para a sua família. Se for encontrada uma mutação como resultado do teste, o consultor irá falar consigo sobre quais os membros da sua família que também podem ser afectados. Saber exatamente qual a mutação encontrada e em que gene será importante para os membros da família afectados.

A pessoa pode então discutir o assunto com os seus profissionais de saúde e decidir fazer o teste. Os resultados são entregues ao indivíduo por escrito após a realização do teste. Em seguida, numa sessão de aconselhamento, os resultados obtidos ser-lhe-ão explicados. Isto pode não acontecer durante semanas ou mesmo meses após a colheita da amostra. Será informado em pormenor sobre a exatidão do teste e as implicações dos resultados.

**A) Se o resultado for positivo:** Um resultado positivo significa que tem um ou mais genes mutantes que o podem colocar em risco. Tendo em conta o facto de ter uma mutação, será discutido consigo a possibilidade de desenvolver cancro. Muitas pessoas sentem-se preocupadas ou ansiosas depois de saberem que correm o risco de desenvolver cancro, o que é normal.

Os resultados podem também indicar a existência de perigo para alguns familiares de sangue e podem levar a uma pressão psicológica nas relações familiares. As preocupações podem ser ainda maiores quando se trata de decidir sobre diferentes tratamentos. Mesmo depois de os testes estarem concluídos, a incerteza quanto aos resultados é frequentemente elevada. Na maioria dos casos, não há forma de ter a certeza se a doença irá ou não ocorrer. Mesmo que se saiba que se vai ter esta doença, não é possível dizer com certeza quando é que a doença vai aparecer. O seu prestador de cuidados de saúde ou o seu conselheiro podem ajudá-lo a escolher as suas opções nesta altura.

**B) Se o resultado for negativo:** Se o resultado do teste for negativo, significa que não foi encontrada nenhuma mutação no gene para o qual foi testado. Provavelmente, ficará aliviado por o teste não ter revelado que corre um risco elevado. No entanto, é importante compreender que os resultados dos testes genéticos não podem garantir de forma absoluta que não se encontra numa situação de risco elevado. Por exemplo, é ainda possível que tenha uma mutação diferente para a qual não foi testado.

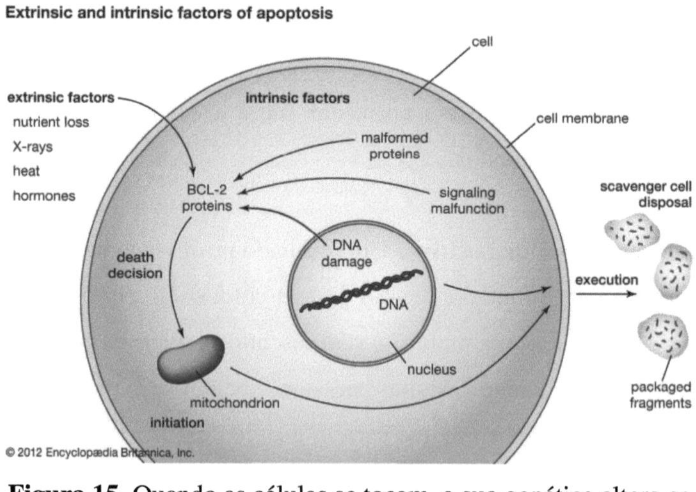


**Figura 15.** Quando as células se tocam, a sua genética altera-se

**C) Se o resultado do teste for inconclusivo:** Se não houver informação suficiente disponível para saber a presença ou ausência de alterações genéticas nos genes testados, diz-se que o resultado do teste é inconclusivo. Neste caso, você e a sua família podem ainda estar em risco elevado de desenvolver cancro. Para algumas pessoas, pode ser útil tomar medidas para reduzir o risco ou procurar constantemente o rastreio do cancro em fase inicial, mas não ter um resultado fiável pode causar ansiedade e confusão. O seu prestador de cuidados de saúde ou conselheiro genético pode ajudá-lo a compreender o que os resultados significam para si e para a sua família, e ajudá-lo a lidar com esses resultados. Nalguns casos, a análise de parentes no sangue pode ajudar a esclarecer este resultado.

**D) Se o resultado do teste for do tipo sem significado conhecido ou sem significado conhecido:** quando o teste genético mostra que a pessoa tem uma forma invulgar de um gene, mas os médicos não sabem o que significa esta alteração genética, esse resultado não tem significado conhecido ou lê-se sem significado específico (VUS).

Esta alteração genética pode ser de tipo normal, ou seja, uma versão diferente do gene que não é observada na população, pelo que não há certezas suficientes sobre a sua normalidade. Também são possíveis outras explicações para este gene. Para algumas pessoas, enfrentar o resultado do VUS pode causar ansiedade, confusão e até raiva. Porque este resultado não fornece qualquer informação para decisões futuras. O seu prestador de cuidados de saúde ou conselheiro genético pode ajudá-lo a compreender o que os resultados significam para si e para a sua família, e ajudá-lo a lidar com esses resultados. Se os resultados do seu teste genético forem positivos ou inconclusivos para uma mutação genética que possa aumentar o seu risco de desenvolver cancro, a gestão dos seus factores de risco deve ser a sua principal prioridade.

Dependendo do tipo de cancro que tem maior risco de desenvolver, existem algumas formas de reduzir esse risco, incluindo

- ✓ Alterações do estilo de vida: fazer escolhas saudáveis e alterar comportamentos para reduzir o risco de cancro.
- ✓ Tomar medicamentos preventivos de quimioterapia: tomar medicamentos para reduzir o risco de cancro.
- ✓ Cirurgia profiláctica ou medicina preventiva: remoção de um órgão ou glândula saudável para evitar que o cancro se inicie nesse órgão ou glândula.
- ✓ Deteção precoce: Faça tudo o que estiver ao seu alcance para detetar o cancro nas suas fases iniciais, porque quando o cancro é pequeno, é mais provável que seja tratado com sucesso.

**Alterações nos factores de risco do estilo de vida**

Pode perguntar ao seu profissional de saúde que mudanças de estilo de vida pode fazer para ajudar a reduzir o risco de desenvolver cancro. Por exemplo, limitar o consumo de álcool e praticar exercício físico ajuda a reduzir o risco de cancro do cólon e da mama, enquanto deixar de fumar reduz o risco de vários tipos de cancro. Em alguns casos, o efeito destas mudanças na redução do risco pode ser pequeno em comparação com o risco acrescido da mutação, mas pode perguntar ao seu médico que outras coisas pode fazer para reduzir o seu risco.

**Tomar medicamentos químicos preventivos**

A utilização de medicamentos quimiopreventivos envolve a utilização de medicamentos para impedir a transformação de células em determinados tipos de células cancerígenas. Os medicamentos continuam a ser estudados e utilizados para ajudar a reduzir o risco de determinados cancros em pessoas que apresentam um risco elevado. Por exemplo, os medicamentos tamoxifeno e raloxifeno podem ser utilizados para reduzir o risco de cancro da mama. Os riscos e a condição médica de cada indivíduo devem ser cuidadosamente considerados, para que os efeitos nocivos dos medicamentos não ultrapassem os benefícios. Quanto mais se conhece as doenças genéticas, mais se aprende sobre a utilização de medicamentos para prevenir o cancro.

**Cirurgia preventiva (medicina preventiva)**

Em alguns casos, a cirurgia preventiva (medicina preventiva) é outra opção. Os testes de deteção precoce (rastreio) podem ser iniciados numa idade mais jovem, ou com maior frequência, ou podem ser necessários testes especiais se o teste genético for positivo. Por exemplo, uma pessoa que sabemos ter um risco elevado de cancro do cólon pode precisar de ser rastreada antes dos 50 anos. Da mesma forma, uma mulher com uma mutação genética que aumenta o risco de cancro da mama pode necessitar de fazer uma ressonância magnética da sua mamografia para procurar sinais precoces de cancro. Também é importante que uma pessoa esteja consciente dos possíveis sinais e sintomas de cancro que corre o risco de contrair e, se estiver preocupada com algum problema, deve consultar um médico o mais rapidamente possível. A deteção do cancro nas suas fases iniciais, quando é pequeno e não se espalhou, oferece a maior probabilidade de sucesso no seu tratamento.

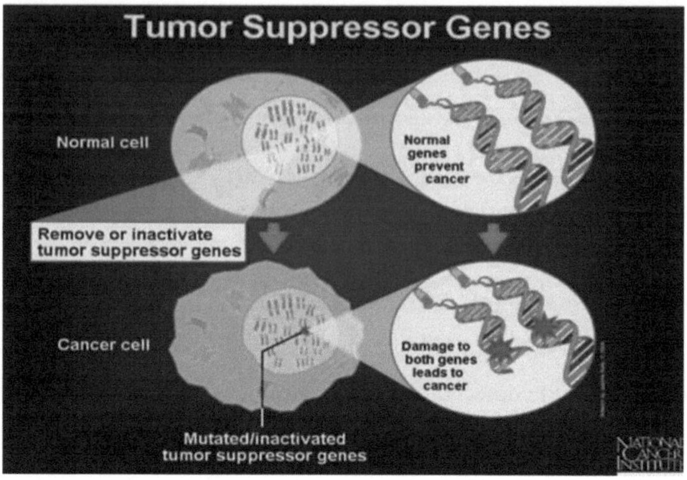


**Figura 16.** Genética do cancro

# Capítulo III

## *Testes genéticos para o diagnóstico de cancros hereditários*

A suscetibilidade a alguns cancros é herdada através de genes mutantes. O objetivo dos testes genéticos é identificar uma alteração hereditária que aumenta a probabilidade de desenvolver um determinado cancro. Este teste é especialmente recomendado para algumas famílias que têm um risco hereditário de certos cancros.

**Explicação do cancro hereditário**

Os genes controlam o crescimento, a divisão e o tempo de vida de cada célula do corpo. Os genes das pessoas existem em pares, um dos quais vem da mãe e o outro é herdado do pai. Algumas pessoas herdam genes mutantes que podem predispô-las a determinados cancros. Por exemplo, uma mulher que herda uma versão alterada de um dos genes específicos do cancro da mama tem um risco mais elevado de desenvolver cancro da mama e dos ovários do que uma mulher que herda duas cópias normais do mesmo gene. No entanto, apenas cinco em cada cem casos de cancro da mama podem ser devidos a uma predisposição genética.

**Os riscos de cancros hereditários**

Algumas famílias têm um risco mais elevado de certos tipos de cancro, como o cancro da mama, do ovário e do cólon. Porque têm um gene alterado. O laboratório Razi Genetics pode fornecer-lhe recomendações sobre o seu risco de cancro, dar-lhe conselhos e, em alguns casos, fazer-lhe um teste genético.

**Cancro da mama e do ovário**

As famílias com elevado risco de desenvolver cancro da mama ou do ovário têm três ou mais familiares com cancro da mama ou do ovário. As famílias em que dois ou mais familiares têm cancro da mama ou dos ovários são também consideradas como estando em risco potencial elevado para a ocorrência destes cancros, desde que esses familiares pertençam a uma das seguintes categorias:

- ✓ Tem cancro em ambos os seios.
- ✓ O aparecimento de cancro da mama antes dos 40 anos de idade.
- ✓ Ter cancro do ovário em qualquer idade.
- ✓ Presença simultânea de cancro da mama e do ovário num destes familiares.
- ✓ Cancro da mama num dos familiares falecidos.
- ✓ Ancestrais judeus.

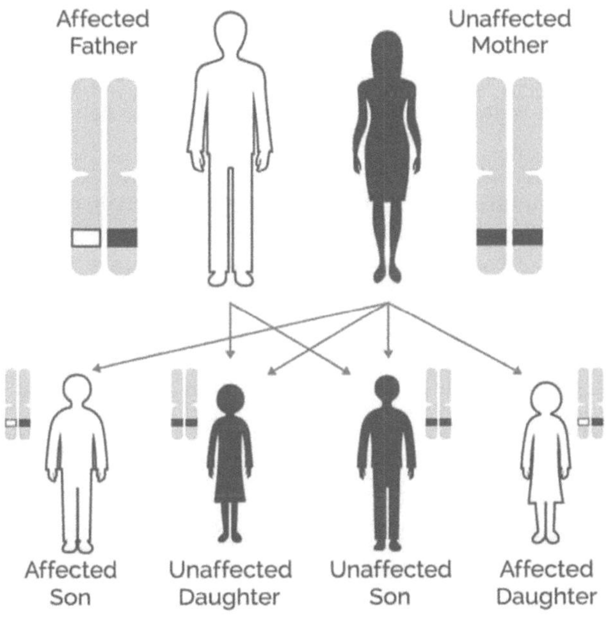


**Figura 17.** Testes genéticos para o cancro da mama

## Cancro do cólon

As famílias que podem estar potencialmente em risco elevado de cancro do cólon incluem famílias com três ou mais familiares de sangue com cancro do cólon num dos lados da família. As famílias em que existem dois ou mais familiares com cancro do cólon são também consideradas como famílias de alto risco para este cancro, desde que estes familiares pertençam a uma das seguintes categorias.

- ✓ Existe outro cancro num destes familiares.
- ✓ O cancro do cólon surge antes dos 50 anos de idade.
- ✓ Ter um familiar com cancro do endométrio ou do ovário.
- ✓ Ter um familiar com cancro do cólon e ter um grande número de pólipos no cólon.

**Outros tipos de cancro**

Para outros tipos de cancro, as pessoas são consideradas de alto risco se:

- ✓ Ter vários familiares com o mesmo tipo de cancro ou cancros relacionados.
- ✓ Encontrar um familiar que tenha um gene alterado específico.

**Testes genéticos do cancro**

O teste genético do cancro é feito para prever a ocorrência de cancro e o risco de cancro. Este teste é obrigatório para as pessoas que têm uma história familiar de cancro. Em geral, este teste é recomendado se tiver as seguintes caraterísticas

- ✓ Várias pessoas da mesma família (pai, mãe, irmã, irmão, filhos) são afectadas pelo cancro.
- ✓ Muitos familiares de uma mesma família são afectados por um tipo de cancro.
- ✓ Membros da família que sofrem de um ou mais tipos de cancro hereditário.
- ✓ Ter um familiar com mais do que um tipo de cancro.
- ✓ Membros da família que contraem cancro em idade jovem.
- ✓ Familiares próximos que sofrem de cancros raros.

- ✓ Ter sinais de cancro hereditário.
- ✓ Ter uma ou mais mutações genéticas nos membros da família.
- ✓ Certas mutações cancerígenas estão presentes nas suas famílias.

**Tipos de testes genéticos de cancro hereditário**

Os cancros hereditários são diferentes de acordo com a variedade e o tipo de padrão de herança do cancro. Os cancros são genéticos e alguns deles são hereditários. É importante que os genes façam parte do ADN e que as suas alterações provoquem mutações genéticas. Existem diferentes tipos de testes genéticos para o cancro hereditário, que se encontram na categoria dos testes de diagnóstico e dos testes de prevenção. Os tipos de testes genéticos de cancro hereditário são analisados a seguir.

**1- Teste BRCA:** O teste genético BRCA é realizado para avaliar o risco de cancro da mama e dos ovários. Este teste é recomendado para pessoas com uma história familiar de cancro.

**2- Teste Oncotype DX:** Este teste é utilizado para detetar os estádios iniciais e avançados do cancro da mama nas mulheres. O teste Oncotype é utilizado para investigar e diagnosticar o efeito da quimioterapia no tratamento do cancro da mama na mulher. Além disso, com este teste, também se detecta a gravidade da progressão da doença e a possibilidade da sua recorrência.

**3- Teste farmacocinético:** O teste farmacocinético consiste em verificar os genes dos doentes com cancro em resposta aos medicamentos. Este teste examina o efeito dos factores genéticos e a forma como estes respondem aos medicamentos para melhorar o estado do doente.

**Teste 4-msi:** o teste msi ou teste de instabilidade da sequência MSI fornece informações sobre o efeito da quimioterapia adjuvante em doentes com cancro do cólon. É também utilizado para prever a resposta ao tratamento com medicamentos ICI em cancros metastáticos e avançados. A realização de testes genéticos do cancro é utilizada para detetar e verificar a presença e a progressão das mutações genéticas do cancro. Devido aos diferentes tipos de padrões de mutação genética e à diferença de genes, existem diferentes testes genéticos de cancro hereditário.

Os testes genéticos do cancro devem ser diagnosticados e aprovados por um médico geneticista durante uma sessão de aconselhamento genético. Em geral, este teste é recomendado para pessoas que têm uma história familiar de certos tipos de cancro ou de cancros hereditários.

**Quem precisa de testes genéticos ao cancro?**

O aconselhamento genético e o teste genético do cancro são recomendados para pessoas que têm padrões de cancro na família.

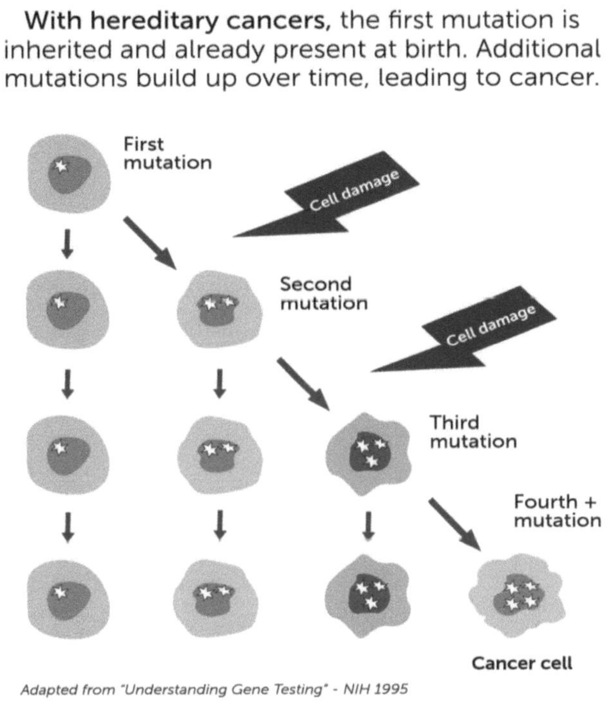


**Figura 18.** Mutações hereditárias e cancro

**Em que é que o facto de saber que uma pessoa está exposta ao cancro a ajuda?**

- ✓ Diagnóstico da evolução da doença e dos estádios do cancro.
- ✓ Tomar medicamentos para reduzir o risco de cancro.
- ✓ Ajudar a ter um estilo de vida saudável para prevenir o cancro.

**Se uma pessoa tem um risco elevado de desenvolver cancro, o que deve fazer?**

Dependendo do risco de cancro hereditário e da sua evolução, o médico deve efetuar uma terapia medicamentosa especial ou uma cirurgia.

**Em que é que o teste genético do cancro ajuda uma pessoa?**

As mutações genéticas só podem ser diagnosticadas através de testes genéticos. A identificação de alterações genéticas no cancro pode afetar a forma como este é tratado. Mesmo que não tenha cancro, a deteção precoce de uma mutação genética pode ajudá-lo a tomar medidas preventivas para reduzir o risco de desenvolver cancro ou ajudar o seu médico a diagnosticar e tratar o cancro numa fase inicial. Além disso, a identificação de mutações genéticas relacionadas com o cancro pode ser útil para os membros da família que correm o risco de desenvolver cancro.

**Que cancros podem ser hereditários?**

- ✓ Cancro da mama.
- ✓ Cancro do cólon.
- ✓ Cancro da próstata.
- ✓ Cancro do ovário.
- ✓ Cancro do útero.
- ✓ Cancro da pele ou melanoma.
- ✓ Cancro do pâncreas.

**Quais são as caraterísticas dos cancros hereditários?**

Em média, 1 em cada 3 pessoas no mundo terá cancro durante a sua vida. Por conseguinte, o facto de vários membros da mesma família sofrerem de cancro nem sempre significa que se trata de uma doença hereditária. É provável que o cancro seja de origem familiar se tiver uma ou mais das seguintes caraterísticas na sua família

- ✓ Ter várias pessoas com um tipo de cancro na família.
- ✓ Contrair cancro numa idade jovem.
- ✓ Uma pessoa que sofre de vários tipos de cancro ao mesmo tempo.

- ✓ Envolvimento simultâneo de ambos os pares de uma parte do corpo.
- ✓ Dois ou mais irmãos que sofrem do mesmo tipo de cancro na infância.
- ✓ Cancro da mama nos homens.

**Como é que o aconselhamento genético ajuda uma pessoa com cancro?**

Ao examinar a história clínica pessoal e familiar do indivíduo, o conselheiro genético analisa a possibilidade de cancro hereditário na sua família e se o teste genético é ou não adequado para o indivíduo, qual o teste genético a realizar e, finalmente, interpreta os resultados do teste de acompanhamento do indivíduo.

**O teste genético do cancro é necessário para todos?**

não Nem toda a gente precisa deste teste. Na maioria dos casos, o teste genético é recomendado apenas a pessoas com cancro e aos seus familiares próximos, se for determinado que o cancro é hereditário. Além disso, o conselheiro genético pode sugerir um teste genético com base na história de cancro na família da pessoa.

**Qual é o melhor teste genético para o cancro?**

Um conselheiro genético determinará qual o tipo de teste genético mais adequado para si. Centenas de mutações genéticas podem levar ao cancro hereditário, mas pesquisar todas elas pode ser confuso. O conselheiro genético determina o teste mais adequado para a pessoa com base no tipo de cancro nos membros da família. Esse teste pode ser para verificar a existência de mutações BRCA, que estão ligadas ao cancro do ovário e da mama, ou para verificar a existência da síndrome de Lynch, que está associada a um risco acrescido de cancro do cólon e do útero.

**O teste genético do cancro hereditário é realizado em que amostras?**

Este teste pode ser efectuado em amostras de sangue e saliva.

**Quais são os resultados dos testes genéticos do cancro?**

Os resultados deste teste podem ser comunicados de 3 modos:

**1- Resultado negativo do teste:** significa que não foi encontrada qualquer mutação nos genes que foram verificados para si. No entanto, se houver várias pessoas com cancro na família, o seu risco de desenvolver cancro continua a ser mais elevado do que o das outras. Quando vários membros da família são afectados pelo mesmo tipo de cancro, chama-se cancro familiar. O cancro familiar pode ocorrer sob a influência de factores ambientais, como o estilo de vida ou factores ambientais partilhados, ou de factores genéticos desconhecidos.

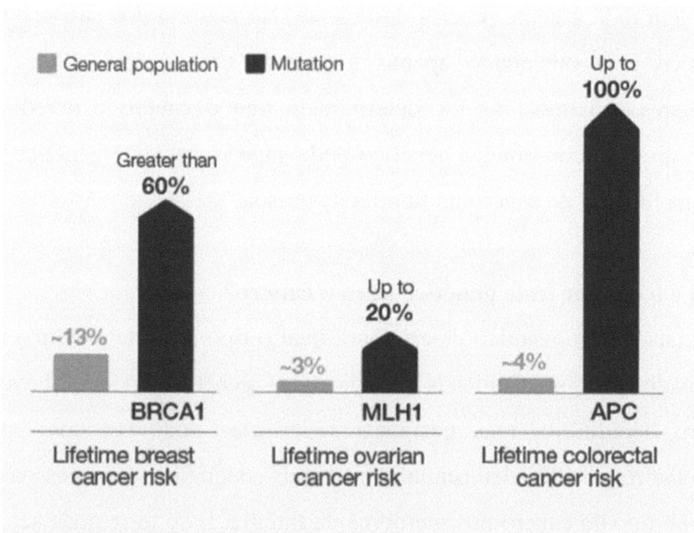


**Figura 19.** Testes genéticos hereditários para o cancro

**2- Resultados inconclusivos:** Nesta situação, ocorreu uma alteração genética desconhecida nos genes do indivíduo, que atualmente não dispõe de informação suficiente para a interpretar. Estes resultados são reportados como variantes de significado clínico indeterminado ou VUS. Nesta situação, pode ser necessário efetuar testes adicionais ou monitorizar o gene alvo ao longo do tempo.

**3- Resultado positivo do teste:** Nesta situação, pode ser necessário efetuar rastreios do cancro a intervalos mais curtos do que o habitual ou alterar o estilo de vida. Em alguns casos, são recomendadas cirurgias de prevenção do cancro. Por exemplo, as mulheres com mutações BRCA correm um risco elevado de cancro do ovário e da mama e podem decidir remover os ovários após o nascimento do filho. Uma das vantagens do aconselhamento genético antes do teste é a obtenção de informações completas sobre como comunicar os resultados dos testes genéticos de cancro hereditário.

**Quanto tempo demora a resposta a um teste genético de cancro?**

O tempo necessário para receber os resultados deste teste depende do tipo de teste, do número de genes examinados e do centro de tratamento do indivíduo, e aproximadamente este tempo demora entre 2 e 4 semanas.

**Alterações do estilo de vida: fazer escolhas saudáveis e alterar comportamentos para reduzir o risco de cancro**

**1- Deteção precoce:** fazer tudo o que estiver ao seu alcance para detetar o cancro nas fases iniciais (através de testes de despistagem e prestando atenção aos sinais e sintomas precoces), porque quando o cancro é pequeno, as probabilidades de sucesso do tratamento são maiores. O seu profissional de saúde pode recomendar uma ou mais destas abordagens, mas antes de decidir adotar uma delas, é importante saber até que ponto essa opção pode ser eficaz na redução do seu risco. Também deve conhecer os seus riscos e deficiências antes de decidir adotar uma delas. Cada uma destas abordagens é descrita em mais pormenor a seguir.

**2- Alterações nos factores de risco do estilo de vida:** Pode perguntar ao seu médico quais as alterações no seu estilo de vida que podem ajudar a reduzir o risco de desenvolver cancro. Por exemplo, a limitação do consumo de álcool e a prática de exercício físico ajudam a reduzir o risco de cancro do cólon e da mama, enquanto que deixar de fumar reduz o risco de vários tipos de cancro. Em alguns casos, o efeito destas alterações na redução do risco pode ser pequeno em comparação com o risco acrescido da mutação, mas pode perguntar ao seu profissional de saúde que outras medidas pode tomar para reduzir o seu risco.

**3- Utilização de fármacos químicos preventivos:** A utilização de medicamentos químicos preventivos inclui a utilização de medicamentos para impedir a transformação das células em determinados tipos de células cancerígenas. Os medicamentos continuam a ser estudados e utilizados para ajudar a reduzir o risco de determinados cancros em pessoas com risco elevado. Por exemplo, os medicamentos tamoxifeno e raloxifeno podem ser utilizados para reduzir o risco de cancro da mama. Os riscos e a condição médica de cada indivíduo devem ser cuidadosamente considerados, para que os efeitos nocivos dos medicamentos não ultrapassem os benefícios. Quanto mais se conhece as doenças genéticas, mais se aprende sobre a utilização de medicamentos para prevenir o cancro.

**4- Cirurgia preventiva (medicina preventiva):** Nalguns casos, a cirurgia preventiva (medicina preventiva) é outra opção. Por exemplo, algumas mulheres com elevado risco de cancro do ovário podem decidir retirar os ovários após o nascimento do filho.

**-5Testes de deteção do cancro e sensibilização para o mesmo:** É possível que os testes de deteção precoce (rastreio) comecem numa idade mais jovem, ou sejam realizados em maior número, ou, se o resultado do teste genético for positivo, podem ser necessários testes especiais. Por exemplo, uma pessoa que sabemos ter um risco elevado de cancro do cólon pode precisar de ser rastreada antes dos 50 anos, que é a idade habitual para o rastreio. Da mesma forma, uma mulher com uma mutação genética que aumenta o risco de cancro da mama pode precisar de fazer uma ressonância magnética da sua mamografia para procurar sinais precoces de cancro. Também é importante que uma pessoa esteja ciente dos possíveis sinais e sintomas de cancro que corre o risco de contrair e, se estiver preocupada com algum problema, deve consultar um médico o mais rapidamente possível. Se o cancro for detectado nas suas fases iniciais, as hipóteses de sucesso no seu tratamento são maiores.

**Testes preditivos de cancro para genes de risco de cancro**

Normalmente, o cancro não é hereditário, mas alguns tipos de cancro, principalmente o cancro da mama, dos ovários, colorrectal e da próstata, podem ser fortemente influenciados pelos genes e ser transmitidos às famílias. Todos nós somos portadores de determinados genes que normalmente nos protegem contra o cancro. Estes genes corrigem quaisquer danos no ADN que ocorrem naturalmente quando as células do corpo se dividem. Herdar cópias defeituosas ou mutações destes genes aumenta significativamente o risco de desenvolver cancro. Como os genes alterados não conseguem reparar as células danificadas, estas podem desenvolver-se e causar tumores.

BRCA1 e BRCA2 são exemplos de genes que, quando sofrem mutações, aumentam o risco de desenvolver cancro. Ter uma mutação no gene BRCA aumenta muito o risco de uma mulher desenvolver cancro da mama e dos ovários. Além disso, as mutações no gene BRCA aumentam a probabilidade de cancro da mama e de cancro da próstata nos homens. Se você ou o seu cônjuge tiverem um gene de alto risco de cancro, como uma versão alterada do BRCA1, podem transmiti-lo aos vossos filhos.

Os genes BRCA não são os únicos genes de risco de cancro. Os investigadores identificaram recentemente mais de 100 novos tipos de genes associados a um risco acrescido de cancro da mama, da próstata e dos ovários. Normalmente, os médicos fazem testes genéticos para confirmar que o cancro hereditário é causado por mutações genéticas. Cerca de 5 a 12 por cento de todos os cancros são causados por mutações genéticas. Se uma pessoa tem cancro hereditário, o geneticista pode sugerir que os membros da família façam testes semelhantes para ver se têm as mesmas mutações genéticas.

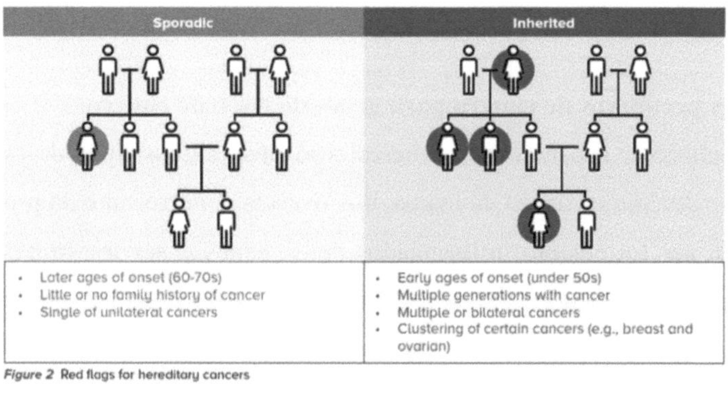


**Figura 20.** Melhorar os resultados com os testes genéticos

# Capítulo IV

## *O papel dos testes de cancro na genética, mutação genética e risco de cancro*

A genética é um domínio da ciência que trata da forma como as caraterísticas são transmitidas dos pais para os filhos através dos genes. Os genes são pedaços de ADN (ácido desoxirribonucleico) no interior das nossas células que lhes dizem como produzir as proteínas de que o corpo necessita para funcionar. O ADN é o mapa genético de cada célula. Os genes afectam as caraterísticas hereditárias transmitidas de pais para filhos, como a cor do cabelo, a cor dos olhos e a altura.

Podem também afetar o risco de certas doenças, como o cancro. As alterações nos genes, chamadas mutações, desempenham um papel importante na causa do cancro. As mutações podem fazer com que uma célula produza, ou não produza, proteínas que afectam a forma como a célula cresce e se divide em novas células. Algumas mutações podem fazer com que as células cresçam fora de controlo, o que pode levar ao cancro. No entanto, apenas cerca de 5 a 10 por cento de todos os cancros estão fortemente ligados a uma mutação genética hereditária. No cancro, as mutações genéticas alteram a forma como as nossas células funcionam, especialmente a forma como se dividem e reproduzem.

A maioria destas mutações ocorre durante a vida de uma pessoa. No entanto, por vezes, as pessoas herdam mutações que as colocam em maior risco de desenvolver cancro hereditário. As mutações hereditárias causam cerca de 5-12% de todos os cancros. Normalmente, os especialistas realizam testes genéticos para confirmar que uma pessoa tem cancro hereditário. Se um teste de cancro mostrar que tem uma mutação hereditária que aumenta o risco de desenvolver cancro. O seu médico pode recomendar que os membros da sua família façam o mesmo teste de cancro hereditário.

Um teste de cancro pode ter consequências médicas, financeiras e psicológicas significativas. Se quiser fazer um teste genético ou um teste de cancro, deve consultar conselheiros genéticos antes de fazer o teste de cancro, para que esteja ciente de todas as consequências do teste de cancro para si e para a sua família. A maioria dos cancros tem início devido a mutações genéticas adquiridas ao longo da vida.

Por vezes, estas alterações genéticas têm uma causa externa, como a exposição à luz solar ou ao tabaco, mas as mutações genéticas também podem ser acontecimentos aleatórios que, por vezes, ocorrem no interior das células sem razão aparente. As mutações adquiridas só afectam as células que crescem a partir da célula mutada. As mutações não afectam todas as células do corpo de uma pessoa. Isto significa que todas as células cancerígenas têm mutações, mas as células normais do corpo não têm. Isto é muito diferente das mutações hereditárias que estão presentes em todas as células do corpo, mesmo nas células não cancerosas.

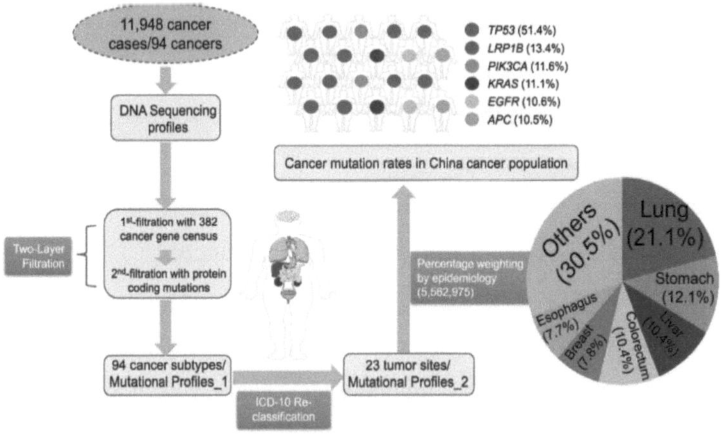


**Figura 21.** Comparação das frequências de mutação dos genes do cancro

O teste genético do cancro é a utilização de testes médicos para procurar mutações específicas em genes associados ao cancro numa pessoa. Atualmente, são utilizados muitos tipos de testes de cancro com uma abordagem genética e estão a ser desenvolvidos outros. Os testes genéticos podem ser utilizados de muitas formas, mas aqui centramo-nos na sua utilização na procura de alterações genéticas associadas ao

cancro. Os genes supressores de tumores estão entre os genes mais comuns associados ao cancro. Normalmente, os genes supressores de tumores codificam proteínas que fixam o ADN danificado ou que impedem as células cancerígenas de se multiplicarem.
Os genes supressores de tumores inibem o crescimento das células cancerígenas. Quando estes genes sofrem uma mutação, é como se passassem de manter o pé no travão para pôr o pé no acelerador. Quando os genes supressores de tumores sofrem mutações, as células cancerígenas que deveriam controlar começam a multiplicar-se descontroladamente e tornam-se tumores.

**Que mutações genéticas causam o cancro?**
O cancro pode ocorrer quando um único gene sofre uma mutação ou quando vários genes que funcionam em conjunto sofrem mutações. Os investigadores identificaram mais de 400 genes relacionados com o desenvolvimento do cancro utilizando testes de cancro. Muitos destes genes, se herdados, podem aumentar o risco de cancro.

**1- Síndrome hereditária do cancro da mama e dos ovários:** As pessoas que herdam formas mutantes dos genes BRCA têm um risco acrescido de desenvolver cancro da mama, cancro do ovário e outros tipos de cancro.

**2- Síndroma de Lynch:** Esta doença hereditária aumenta o risco de cancro colorrectal (cólon) e de vários outros tipos de cancro. A síndrome de Lynch ocorre quando um dos cinco genes de reparação do ADN sofre uma mutação.

**3- Síndrome de Lee Farman:** esta doença hereditária rara ocorre quando o gene TP53 sofre uma mutação. O gene TP53 ajuda a controlar o crescimento celular.

**Uma pessoa que herda uma predisposição para o cancro tem sempre cancro?**

Não Mesmo que uma mutação que predispõe ao cancro esteja presente na família, isso não significa necessariamente que todas as pessoas que herdarem essa mutação irão desenvolver cancro. Existem vários factores que afectam a possibilidade de uma pessoa com este tipo de mutação vir a desenvolver cancro. Um desses factores é a penetração da mutação. Quando todos os indivíduos portadores de uma mutação associada a uma doença não desenvolvem a doença desse tipo, diz-se que a penetrância é incompleta ou reduzida. As síndromes de cancro hereditárias também podem variar em termos de expressão, o que significa que as pessoas que herdam a mutação podem diferir na medida em que apresentam sinais e sintomas da síndrome, incluindo o desenvolvimento de cancros associados. Os factores relacionados com o estilo de vida e os riscos ambientais também podem afetar a ocorrência da doença.

**Testes de cancro com uma abordagem genética da avaliação do risco de cancro**

A maioria das pessoas que contrai cancro não tem antecedentes familiares da doença, mas as pessoas com um forte historial familiar de cancro da mama, cancro do ovário ou outros cancros podem ter herdado um gene anormal que as coloca em maior risco de desenvolver cancro. É hereditário. Algumas pessoas optam por fazer o teste genético do cancro para o descobrir. Utilizando uma amostra de sangue ou de saliva, um

teste genético do cancro analisa os genes para verificar se existem anomalias que possam aumentar o risco de desenvolver cancro.
Os resultados dos testes genéticos ao cancro podem ajudá-la a si e ao seu médico a decidir se há medidas que pode tomar para reduzir o risco de desenvolver cancro, ou ajudar a orientar as suas opções de tratamento se lhe for diagnosticado cancro da mama. Até à data, foram descritas mais de 50 síndromes de cancro hereditário.
A maioria destes cancros hereditários é causada por mutações nocivas que são herdadas de forma autossómica dominante, o que significa que uma versão alterada de um gene herdado de um dos pais é suficiente para aumentar a probabilidade de uma pessoa desenvolver cancro. Para a maioria destas síndromes, estão disponíveis testes de cancro e testes genéticos para mutações nocivas. Os testes de cancro também incluem testes para várias mutações genéticas hereditárias que não estão associadas a síndromes nomeadas, mas que demonstraram aumentar o risco de cancro.

**Como é feito o teste do cancro?**

O teste genético do cancro é geralmente pedido por um conselheiro genético, médico ou outro profissional de saúde que tenha avaliado o indivíduo e a sua história familiar. As opções de testes genéticos de cancro que um profissional de saúde pode escolher incluem os que analisam um único gene e os que procuram variantes nocivas em vários genes ao mesmo tempo.
O segundo tipo de testes é designado por testes multigénicos e, na sua forma mais completa, por sequenciação do exoma completo (WES). Os testes de cancro são efectuados numa pequena amostra de fluido ou tecido corporal, normalmente sangue, mas por vezes saliva, células da bochecha ou células da pele. A amostra é depois enviada para um laboratório especializado em testes genéticos. O laboratório devolve os

resultados do teste de cancro ao médico ou conselheiro genético que pediu o teste de cancro. Normalmente, os resultados dos testes de cancro demoram várias semanas ou mais a ficarem disponíveis. O aconselhamento genético é o primeiro passo dos testes de cancro.

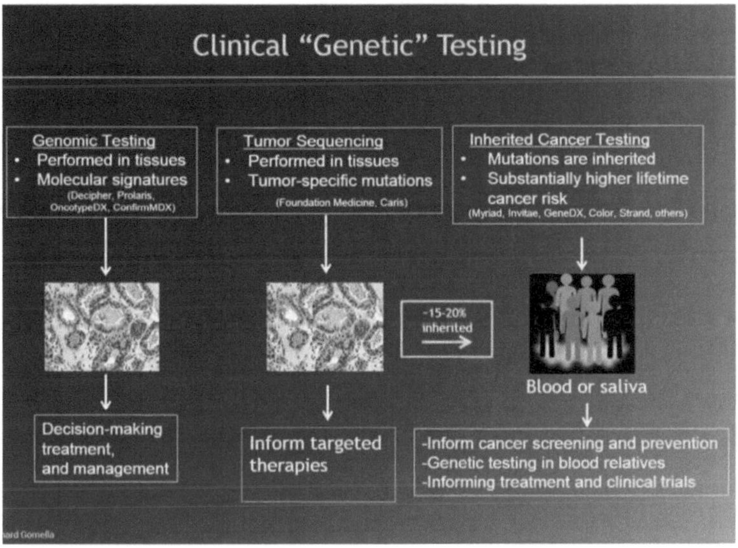


**Figura 22.** Genética no cancro da próstata: Identificação do risco hereditário de cancro da próstata

Os médicos recomendam frequentemente o aconselhamento genético antes de qualquer teste genético. Normalmente, alguém da família que tenha tido cancro é testado primeiro para o cancro. Se for detectada uma mutação no gene do cancro, os outros membros da família podem fazer testes de cancro hereditário para determinar o seu estado de risco.

### Testes de cancro para procurar mutações

Este teste é também designado por diagnóstico do cancro. Em primeiro lugar, o laboratório procura mutações genéticas que possam estar presentes na sua família. Para isso, é utilizada uma amostra de sangue de um familiar que tenha tido cancro. Este teste de cancro demora normalmente cerca de 8 semanas a obter os resultados.

**1- Teste preditivo de cancro:** Se o teste de cancro detetar uma mutação genética cancerígena, os outros membros da família podem fazer um teste de cancro para detetar a mesma mutação. Um teste preditivo de cancro é mais rápido do que um teste de cancro para procurar mutações. Isto porque o laboratório sabe qual a alteração genética a procurar e onde a encontrar.

**Quais são os tipos de testes genéticos hereditários para o rastreio do cancro?**

Os testes de cancro hereditário incluem:

**1- Teste de mutação única:** Este teste de cancro procura alterações numa região específica de um gene. Os geneticistas testam geralmente os membros da família para detetar o cancro quando se sabe que alguém da família tem uma mutação genética específica.

**2- Teste de um único gene:** Este teste de cancro examina todo o ADN de um gene específico.

**3- Testes de painel:** Estes testes de cancro procuram mutações em vários genes.

**4- Teste de Sequenciação do Exoma Completo (WES):** O teste de cancro com o teste de Sequenciação do Exoma Completo (WES) examina todos os genes codificadores de proteínas, incluindo os genes relacionados com o cancro.

**O que significam os resultados dos testes genéticos para testar cancros hereditários?**

Um teste genético de cancro pode dar vários resultados: positivo, negativo, negativo verdadeiro, negativo não informativo, mutação de significado desconhecido ou mutação inofensiva.

**1- Resultado positivo:** Um resultado positivo de um teste de cancro significa que o laboratório encontrou uma mutação genética que está associada à suscetibilidade hereditária ao cancro. Um resultado positivo de um teste de cancro pode

- ✓ Para uma pessoa com cancro, confirmar que o cancro se deve muito provavelmente a uma mutação genética hereditária e ajudar a orientar as escolhas de tratamento.
- ✓ indicam um risco acrescido de desenvolver um determinado cancro no futuro e orientam a gestão futura para reduzir esse risco.
- ✓ Fornecer informações importantes que podem ajudar outros membros da família a tomar decisões sobre os seus cuidados médicos.

**2- Resultado negativo:** Um resultado negativo significa que o laboratório não encontrou a mutação específica que o teste de cancro foi realizado para detetar. Este resultado do teste de cancro é muito útil quando uma mutação patogénica específica se encontra numa família. Nesse caso, um resultado negativo pode indicar que o membro da família testado para o cancro não herdou a variante na sua família. Este resultado é designado por teste de cancro verdadeiramente negativo. Um resultado negativo verdadeiro não significa que não existe risco de cancro, mas sim que o risco é provavelmente o mesmo que o risco de cancro na população em geral. Quando uma pessoa tem uma forte história familiar de cancro, mas os testes de cancro hereditário na família não encontraram uma mutação hereditária conhecida associada ao cancro, um resultado negativo é classificado como negativo não informativo.

**-3Mutação de significado indeterminado:** Se um teste genético de cancro revelar uma alteração que não tenha sido previamente associada ao cancro, o resultado do teste de cancro de uma pessoa pode indicar uma mutação de significado indeterminado, ou VUS. Este resultado pode ser interpretado como inconclusivo. Isto significa que a informação não ajuda a clarificar o risco e não é normalmente considerada nas decisões médicas. Algumas mutações no gene podem ser reclassificadas no futuro. Porque os investigadores estão a aprender mais sobre as mutações relacionadas com o cancro. Muitas vezes, as mutações inicialmente classificadas como variantes de significado desconhecido são classificadas como benignas, mas, por vezes, as VUS podem acabar por estar associadas a um maior risco de cancro. Por isso, é importante que as pessoas que estão a fazer testes de cancro se mantenham em contacto com o prestador de cuidados de saúde que efectuou o rastreio genético para obterem actualizações caso surjam novas informações sobre a mutação VUS.

**4- Mutação benigna:** Se o teste de cancro mostrar uma alteração genética que é comum na população em geral entre pessoas sem cancro, esta alteração é chamada de variante benigna. Todas as pessoas têm mutações inofensivas que não estão associadas a um risco acrescido de doença. Os resultados dos testes genéticos e de cancro baseiam-se na melhor informação científica disponível no momento do teste. Embora, infelizmente, nenhum teste possa ser 100% isento de erros, a maioria dos testes genéticos para o cancro são bastante precisos. No entanto, é muito importante que os testes genéticos sejam pedidos por um prestador de cuidados de saúde com conhecimentos em genética do cancro e que possa selecionar um laboratório de testes acreditado para garantir os resultados mais exactos dos testes de cancro.

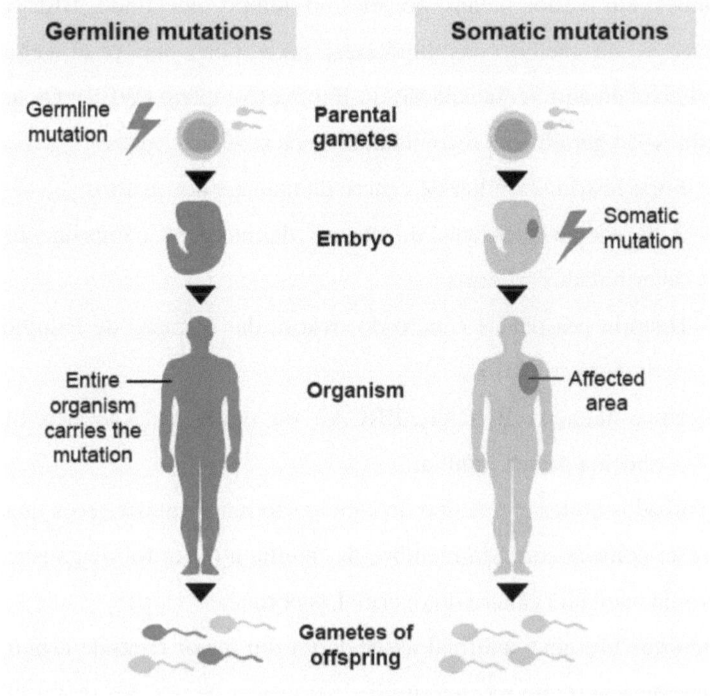


**Figura 23.** O papel das mutações BRCA no cancro da mama

**Testes de cancro para o cancro hereditário da mama e do ovário**

Os testes de cancro para o cancro hereditário da mama e dos ovários estão agora disponíveis na maioria das clínicas de genética. Embora nem todos os cancros da mama e do ovário sejam causados por mutações hereditárias, o teste genético do cancro é útil para a maioria das mulheres que têm uma história familiar de cancro da mama e do ovário, mas infelizmente, por vezes, o teste genético do cancro não consegue identificar a causa de alguns cancros da mama hereditários e identificar o ovário. Porque os genes eficazes nestes cancros ainda não são conhecidos. Os testes genéticos para o cancro hereditário da mama e do ovário procuram mutações nos genes BRCA1 e BRCA2. O seu médico pode recomendar testes utilizando um painel multigénico que procura mutações em vários genes ao mesmo tempo, incluindo BRCA1 e BRCA2 e, na melhor das hipóteses, pode obter um teste genético completo chamado Sequenciação do Exoma Completo (WES). Os testes genéticos são geralmente recomendados nos seguintes casos:

- ✓ Forte história familiar de cancro da mama e dos ovários.
- ✓ Antecedentes pessoais de cancro da mama e cumprimento de determinados critérios.
- ✓ História pessoal de cancro do ovário, das trompas de Falópio ou peritoneal primário.
- ✓ Uma mutação BRCA1, BRCA2 ou outra mutação hereditária conhecida na sua família.

Os resultados do teste genético do cancro são mais significativos quando este teste começa com um membro da família a quem foi diagnosticado cancro da mama ou cancro do ovário. Eis porquê:

Mesmo que um gene anormal associado a um maior risco de cancro da mama esteja presente na sua família, nem todas as pessoas da família o herdam necessariamente. Se um dos seus familiares que tem cancro da mama ou dos ovários também for positivo para a mutação genética, é muito provável que este gene mutado possa causar cancro na sua família. Os membros da família que apresentem resultados positivos para qualquer uma das mutações do gene do cancro devem considerar-se em risco elevado de desenvolver cancro da mama, dos ovários ou outros cancros. Os familiares que apresentem resultados negativos para o cancro podem considerar que o seu risco é semelhante ao das pessoas da população em geral.

Se um membro da família com cancro da mama ou do ovário apresentar resultados negativos para mutações nos genes BRCA1, BRCA2 e PALB2, é possível que o forte padrão de cancro na sua família seja causado por outro gene hereditário que os investigadores ainda não identificaram.

Quando não existem familiares vivos com cancro que possam fazer o teste genético, um conselheiro genético pode ajudá-lo a determinar quem na família é a melhor pessoa para fazer o teste.

Se alguém na família tiver uma mutação no gene BRCA1, BRCA2 ou PALB2, faz sentido que os familiares mais próximos dessa pessoa façam o teste do cancro. Neste caso, são possíveis dois cenários:

- ✓ Se a irmã da sua mãe tiver um gene BRCA ou PALB2 anormal, faz sentido que a sua mãe seja a próxima a ser rastreada para o cancro. Se o teste de cancro dele for negativo para anomalias genéticas, não precisa de um teste de cancro. Porque ele não poderia transferir a mutação para si. Se o teste de cancro da sua mãe for positivo, pode considerar se quer ou não fazer outro teste de cancro. Se a sua mãe já não for viva, pode querer fazer o teste com base nos resultados do teste de cancro da sua tia.
- ✓ Se o seu teste de cancro for positivo para um gene anormal, as próximas pessoas a serem testadas para o cancro serão os seus irmãos ou filhos adultos. É possível que qualquer um deles que tenha um teste positivo para o cancro transmita a mutação aos seus filhos, mas se o teste for negativo para o cancro, não podem transmitir a mutação.

**Quem deve considerar o teste genético do cancro para determinar o risco de cancro?**

As pessoas preocupadas em saber se a sua história familiar as coloca em risco de cancro devem consultar um conselheiro genético. As caraterísticas da história clínica pessoal ou familiar de uma pessoa podem indicar uma síndrome de cancro hereditário, incluindo

- ✓ O cancro é diagnosticado numa idade jovem (antes dos 50 anos).
- ✓ Vários tipos diferentes de cancro ocorreram na mesma pessoa.

- ✓ Cancro em ambos os órgãos de um conjunto de órgãos emparelhados, como ambos os rins ou ambos os seios.
- ✓ Vários familiares de primeiro grau (pais, irmãos ou filhos de uma pessoa) têm o mesmo tipo de cancro.
- ✓ Casos invulgares de um determinado tipo de cancro.
- ✓ Presença de anomalias congénitas associadas a síndromes de cancro hereditárias, tais como certos crescimentos cutâneos não cancerosos e anomalias esqueléticas associadas à neurofibromatose tipo 1.
- ✓ Pertencer a um grupo racial ou étnico que se sabe aumentar o risco de desenvolver uma síndrome de predisposição hereditária para o cancro, bem como ter uma ou mais das caraterísticas acima referidas.
- ✓ Vários familiares com cancro.

**As crianças podem ser testadas para o cancro?**

Normalmente, as crianças com menos de 18 anos não podem fazer um teste de cancro. Isto porque qualquer pessoa que se submeta a um teste genético deve ter idade suficiente para tomar uma decisão sobre se quer ou não submeter-se ao teste. Devem também ser capazes de compreender os benefícios e os riscos que os testes de cancro podem ter para si e para os seus familiares. A exceção a esta regra são os testes para genes que podem causar cancro numa idade jovem, para os quais o rastreio funciona bem. Estes incluem:

- ✓ Polipose adenomatosa familiar (PAF).
- ✓ Retinoblastoma (RB1).
- ✓ Neoplasia endócrina múltipla (MEN).
- ✓ Síndrome de Li-Fraumeni (LFS).
- ✓ Síndrome de Von Hippel-Lindau (VHL).
- ✓ Leiomiomatose hereditária.

- ✓ Síndrome de Putz-Jeggers (PJS).
- ✓ Síndrome de polipose juvenil (JPS).

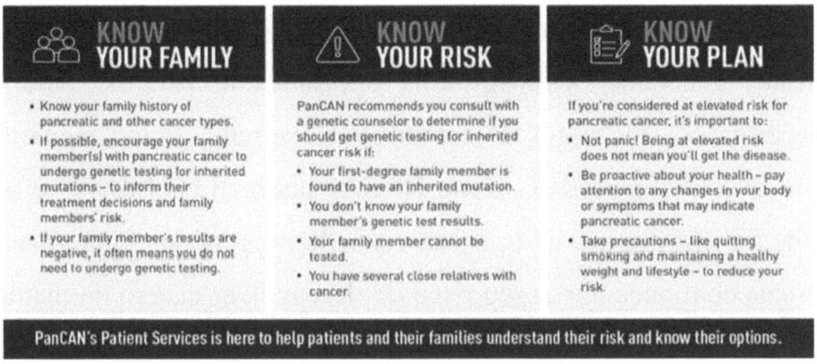


**Figura 24.** Genética e factores hereditários do cancro do pâncreas

**Quais são as vantagens do rastreio do cancro?**

No teste genético do cancro, muitas das suas preocupações e ansiedades serão resolvidas com a resposta ao teste do cancro. Mesmo que o cancro seja detectado após um teste, uma pessoa com cancro é hereditária. Poderá receber tratamento especial para o seu cancro. Porque o teste genético do cancro mostrou que ele é portador dos genes mutantes associados a esse cancro. Além disso, a pessoa e os seus familiares saudáveis que têm a mesma mutação hereditária podem trabalhar com os seus prestadores de cuidados de saúde e com o seu médico sobre formas de prevenir o cancro.

Uma pessoa com cancro hereditário pode tomar medidas para evitar a transmissão da sua mutação hereditária aos seus filhos biológicos. Independentemente de o resultado ser positivo ou negativo, o teste genético pode trazer benefícios.

- ✓ Um teste de cancro negativo pode dar a uma pessoa a tranquilidade de saber que uma mutação genética prejudicial não foi herdada.
- ✓ Um resultado positivo de um teste de cancro dá a uma pessoa a oportunidade de compreender e, em alguns casos, gerir os seus riscos de cancro.

Para as pessoas a quem já foi diagnosticado cancro, os resultados de um teste genético de cancro podem ajudá-las a tomar decisões sobre o seu tratamento e a compreender o seu risco de desenvolver outros cancros. Os testes genéticos oferecem uma oportunidade para os familiares conhecerem os seus riscos de cancro. Por exemplo, se um membro da família tiver um gene BRCA1 ou BRCA2 anormal confirmado e o seu teste de cancro der negativo, o seu conselheiro genético pode dizer-lhe com mais confiança que o seu risco de desenvolver cancro da mama ou dos ovários é o mesmo que o de outras pessoas da população em geral.
O rastreio de rotina do cancro da mama continua a ser importante para si, tal como é para toda a gente. Os homens que apresentam resultados negativos para o cancro, tal como os homens da população em geral, têm um risco muito baixo de serem diagnosticados com cancro da mama masculino e um risco relativamente baixo de serem diagnosticados com cancro da próstata.

**Qual é o papel do aconselhamento genético nos testes de cancro hereditário?**

O aconselhamento genético é geralmente recomendado antes de qualquer teste genético de cancro para síndromes de cancro hereditário e pode ser feito após o teste de cancro. Especialmente se o resultado for positivo e a pessoa precisar de saber mais sobre a síndrome de predisposição hereditária para o cancro que foi identificada. Este aconselhamento deve ser feito por um conselheiro genético com formação e experiência em genética do cancro. O aconselhamento genético abrange geralmente muitos aspectos do processo de teste do cancro. Incluindo:

- ✓ Avaliação do risco de cancro hereditário com base na história clínica pessoal e familiar.
- ✓ Adequação dos testes genéticos do cancro e potenciais danos e benefícios dos testes do cancro.
- ✓ Implicações médicas dos resultados positivos, negativos e indeterminados dos testes de cancro.
- ✓ A possibilidade de um resultado de um teste de cancro não ser suficientemente útil.
- ✓ Riscos e benefícios psicológicos dos resultados dos testes genéticos do cancro.
- ✓ O risco de transmissão da mutação encontrada no teste genético aos filhos.
- ✓ O impacto dos testes genéticos na família.
- ✓ Escolher o melhor teste de cancro a realizar.
- ✓ Uma explicação do teste de cancro específico que pode ser utilizado e da precisão técnica do teste de cancro e da sua interpretação.

O aconselhamento genético pode também incluir a discussão com o doente de recomendações para cuidados preventivos e rastreio, o encaminhamento do doente para grupos de apoio e outras fontes de informação e a prestação de apoio emocional à pessoa que recebe os resultados.

| Relative | Cancer Diagnosis | Age at Diagnosis (years) |
|---|---|---|
| Mother (smoking history) | Lung<br>Bladder | unknown |
| Paternal aunt | Pancreatic | 50s |
| Maternal uncle | Pancreatic | 50s |
| Maternal grandmother | Pancreatic | 70s |

**Figura 25.** Testes genéticos em casa para o cancro da mama

Aprender sobre estas questões é uma parte importante do processo de consentimento informado para os testes genéticos do cancro. O consentimento informado por escrito é normalmente obtido antes de se prescrever um teste genético do cancro.

As pessoas dão o seu consentimento assinando um formulário no qual são informadas e compreendem o objetivo do teste de cancro, as implicações médicas, os seus riscos e benefícios, as possíveis alternativas ao teste de cancro e os seus direitos de privacidade. Ao contrário da maioria dos outros testes médicos, os testes genéticos e os testes de cancro podem revelar informações não só sobre a pessoa que está a ser testada, mas também sobre os seus familiares.

As relações familiares podem ser afectadas quando um membro da família revela resultados de testes genéticos ao cancro que podem ter implicações para outros membros da família. Os membros da família podem ter opiniões diferentes sobre a utilidade de saber se têm uma mutação genética relacionada com a doença. As discussões sobre saúde podem tornar-se complicadas quando alguns membros da família conhecem o seu estatuto genético, enquanto outros não. Falar com geneticistas pode ajudar os membros da família a compreender melhor as escolhas complexas que podem ter de fazer.

**Testes de cancro através da análise de alterações genéticas nas células cancerígenas**

Por vezes, após a realização de uma análise ao cancro e o diagnóstico de cancro, o médico efectua análises a uma amostra de células cancerígenas para verificar se existem alterações genéticas específicas. Estes testes de cancro podem, por vezes, fornecer informações sobre as perspectivas de uma pessoa e ajudar a determinar se determinados tipos de tratamento podem ser úteis.

Este tipo de teste de cancro apenas procura alterações genéticas adquiridas em células cancerígenas retiradas do doente. Estes testes de cancro não são iguais aos testes de cancro hereditário que são utilizados para detetar o risco de cancro hereditário. O aconselhamento genético antes do teste genético do cancro da mama e do cancro do ovário hereditário é importante para determinar se você e a sua família precisam de fazer o teste do cancro.

O que é o ADN tumoral circulante e como é utilizado para diagnosticar e tratar o cancro?

O ADN tumoral circulante (ADNTC) encontra-se na corrente sanguínea e refere-se ao ADN proveniente de células cancerígenas e tumores. A maior parte do ADN está dentro do núcleo da célula. À medida que o tumor cresce, as células morrem e são substituídas por novas células. As células mortas decompõem-se e o seu conteúdo, incluindo o ADN, é libertado na corrente sanguínea.

Os CTDNA são pequenos fragmentos de ADN, normalmente com menos de 200 blocos de construção. A quantidade de CTDNA varia de pessoa para pessoa e depende do tipo de tumor, da sua localização e, no caso dos tumores cancerosos, do estádio do cancro.

**Deteção de CTDNA**

Os testes de cancro podem ser úteis:

**1- Diagnóstico de tumores:** Uma vez que o ADN tumoral contém muitas alterações genéticas que conduzem à formação de tumores, o ADN CTD não corresponde ao ADN normal de uma pessoa. Encontrar ADN com diferenças genéticas ajuda a diagnosticar os tumores. O diagnóstico do tipo de tumor utilizando o CTDNA pode reduzir a necessidade de recolher amostras de tecido tumoral, o que pode ser um desafio quando o tumor é de difícil acesso, como um tumor no cérebro ou no pulmão. A análise do genoma das células tumorais e os testes de cancro utilizando o CTDNA podem ajudar os médicos a determinar qual o tratamento mais eficaz. No entanto, atualmente, a aprovação da Food and Drug Administration dos EUA para a realização de testes de CTDNA para personalizar o tratamento do cancro é limitada. Monitorização do tratamento Uma diminuição da quantidade de CTDNA indica que o tumor está a diminuir e que o tratamento está a ser bem sucedido.

**Um período de vigilância sintomática, recuperação do cancro**

A ausência de CTDNA na corrente sanguínea indica o não retorno e a recorrência do cancro. Se o seu teste de cancro revelar a presença de uma mutação patogénica nos genes que o predispõem para o cancro, tem 50% de probabilidades de a transmitir aos seus filhos. Se o seu teste de cancro genético for positivo e quiser constituir família, tem várias opções:

- ✓ Dar à luz os seus filhos sem qualquer intervenção e aceitar o risco de herdar um gene defeituoso no seu filho.
- ✓ Adotar uma criança.
- ✓ Utilizar um óvulo ou esperma de um dador para evitar a transmissão do gene defeituoso.
- ✓ Discuta os testes pré-natais com o seu médico. Os testes fetais para encontrar genes que possam causar cancro mais tarde na vida são feitos através de CVS ou amniocentese.
- ✓ O diagnóstico genético pré-implantação (PGD) é uma técnica utilizada para selecionar embriões que não herdaram o gene defeituoso. Os embriões são formados com a ajuda da FIV, fertilizados em laboratório e, após um exame genético, são transferidos para o útero da mãe.

| | Single/limited gene testing | Multigene panels |
|---|---|---|
| **Advantages** | ▶ Phenotype-directed testing<br>▶ Cancer risks and management options often more established<br>▶ Lower likelihood of detecting VUS<br>▶ More rapid turnaround time | ▶ More cost effective (less expensive per gene cost)<br>▶ More time efficient<br>▶ Decrease in testing fatigue for patients and providers<br>▶ Efficient use of single specimen<br>▶ Higher mutation detection rate, genes individually rare but collectively significant |
| **Disadvantages** | ▶ Higher risk of loss to follow-up during sequential testing multiple single genes (test fatigue)<br>▶ Less comprehensive | ▶ Increased prevalence of VUS<br>▶ Cancer risks and management options often not well-defined, particularly for some moderate- and low-penetrance genes<br>▶ Unexpected findings such as "off-phenotypic-target" gene mutation<br>▶ Longer turnaround time<br>▶ Panels may include genes that patients don't wish to test for |

**Figura 26.** Excerto de: "How Far Do We Go with Genetic Evaluation?

**Qual é o passo seguinte após um teste de cancro?**

Se os testes de cancro revelarem que tem cancro hereditário, o médico de genética utilizará os conhecimentos adquiridos em colaboração com o oncologista e o cirurgião oncológico para ajustar o tratamento adequado à sua doença.

Outro serviço dos conselheiros genéticos é ajudá-lo a explicar a sua doença aos membros da família. Se os membros da sua família tiverem sido testados para o cancro hereditário, reunir-se-ão com os conselheiros genéticos para analisar os resultados dos seus testes de cancro. Os conselheiros explicarão os resultados dos testes de cancro e as opções. Farão tudo o que puderem para ajudar a sua família a sentir-se confortável com as suas decisões sobre o teste genético do cancro.

**Uma nota da Clínica e Laboratório Multispecializados Savagenom**

Do ponto de vista de um especialista, o teste genético do cancro pode ser uma bênção diferente. Se tiver um tipo de cancro hereditário, um teste genético de cancro confirmará o seu diagnóstico e ajudará os médicos a planear o melhor e mais eficaz tratamento para si. Se os membros da sua família estão preocupados com o risco de cancro, o teste de cancro pode aliviar algumas das suas preocupações, mas o teste genético para o cancro pode afetar as relações familiares ao causar ansiedade, medo e tensão. Os prestadores de cuidados de saúde, especialmente os conselheiros genéticos, sabem como os testes genéticos para o cancro afectam a estrutura familiar. Lidar com o cancro coloca pressão sobre si e sobre a sua família.

Você e a sua família estão a enfrentar grandes desafios neste momento. Se pensa que a sua família está a debater-se com a ideia dos testes genéticos ou dos resultados dos testes, procure ajuda junto dos especialistas em aconselhamento genético do Centro Savagenom. Na clínica e laboratório multi-especializados Savagenom, todos os serviços são prestados aos estimados clientes desde o momento em que entra no complexo para a consulta inicial, realizando todos os testes no próprio centro com a melhor qualidade e encontrando a resposta e visitas de apoio após a resposta.

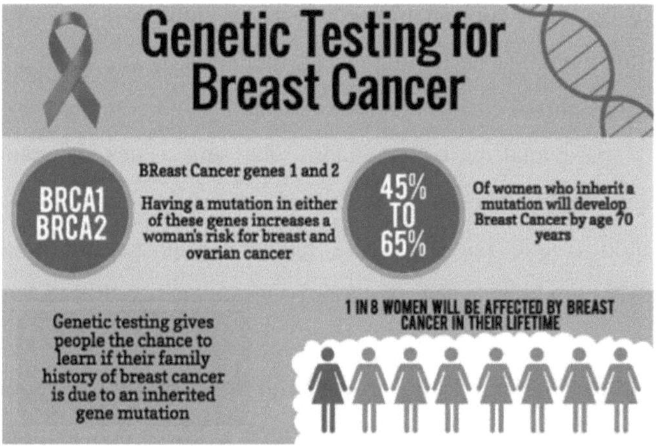


**Figura 27.** Avaliação do risco de cancro familiar: Cancro da mama e do ovário

# Capítulo V

## *Formas de prevenção do cancro hereditário*

Embora as mutações genéticas aumentem o risco de cancro hereditário, existem várias estratégias preventivas que podem ajudar as pessoas a gerir eficazmente o seu risco:

**1- Aconselhamento genético e testes para prevenir o cancro hereditário:** Considere fazer aconselhamento e testes genéticos, especialmente se houver uma história familiar de certos tipos de cancro. Os conselheiros genéticos podem avaliar o seu risco, fornecer informações sobre as síndromes de cancro hereditário e discutir as implicações dos testes genéticos.

**2- Rastreio regular para prevenir o cancro hereditário:** Seguir as diretrizes de rastreio recomendadas para determinados tipos de cancro associados a síndromes hereditárias. Isto pode incluir a mamografia e a ressonância magnética da mama para o cancro da mama, a colonoscopia para o cancro colorrectal e o exame pélvico e a ecografia transvaginal para o cancro do ovário.

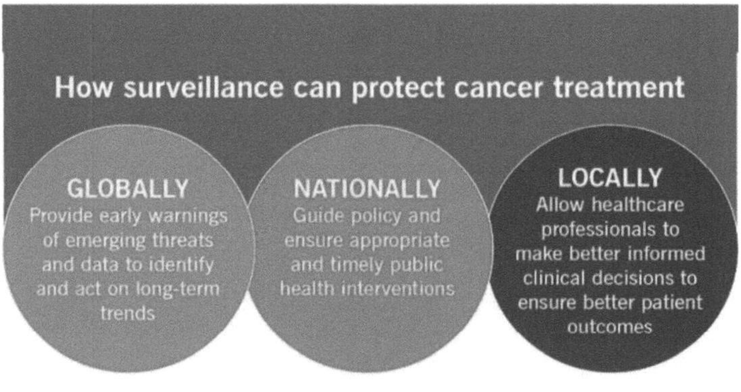


**Figura 28.** Como prevenir o cancro no futuro

**3- Modificação do estilo de vida para prevenir o cancro hereditário:** Adotar um estilo de vida saudável para reduzir o risco global de cancro.

Isto inclui manter um peso saudável, praticar uma atividade física regular, evitar produtos do tabaco, limitar o consumo de álcool e ter uma dieta equilibrada rica em frutas, legumes e cereais integrais.

**4- Cirurgia preventiva do cancro hereditário para prevenir o cancro hereditário:** Para as pessoas que correm um risco significativo de cancro hereditário devido a mutações hereditárias, a cirurgia preventiva pode ser uma opção para reduzir o risco de determinados cancros hereditários. Os exemplos incluem a mastectomia e a ooforectomia preventivas para pessoas com mutações BRCA. De seguida, explicamos um exemplo objetivo, para que o possa compreender melhor. Nos homens que têm uma história familiar de cancro da mama, o tecido mamário é removido, em geral, antes do desenvolvimento do cancro. Porque é possível que uma pessoa tenha cancro e descubra a doença demasiado tarde e ponha a sua vida em perigo.

**5- Medicação para prevenir o cancro hereditário:** Algumas pessoas podem beneficiar de medicamentos preventivos, como os moduladores selectivos dos receptores de estrogénio (SERM) ou os inibidores da aromatase para prevenir o cancro da mama ou a aspirina para prevenir o cancro colorrectal. No entanto, a utilização destes medicamentos deve ser prescrita por um médico.

**6- Sensibilização e educação para a prevenção do cancro hereditário:** Estar consciente da história familiar de cancro e de qualquer síndrome de cancro hereditário que possa existir. Aumente os seus conhecimentos sobre os sinais e sintomas dos cancros hereditários e comunique com o seu médico sobre estratégias de rastreio e prevenção.

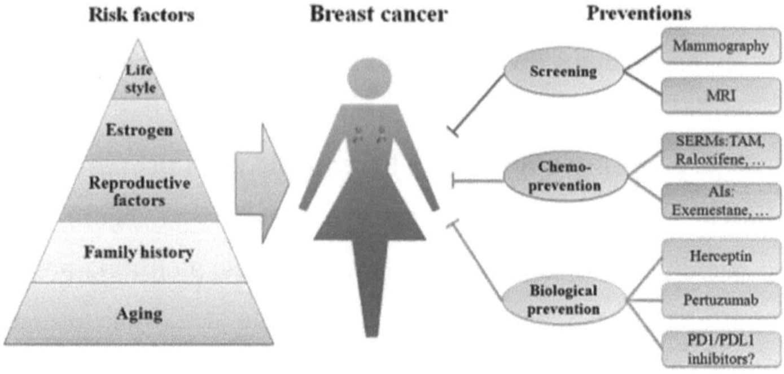


**Figura 29.** Factores de risco e prevenção do cancro da mama

**Testes genéticos para prevenir o cancro hereditário**

Os testes genéticos podem ajudar a identificar mutações hereditárias associadas a síndromes de cancro hereditário e permitir que as pessoas tomem medidas preventivas para gerir o seu risco. Eis o que precisa de saber sobre os testes genéticos para o cancro hereditário:

**1- Elegibilidade:** Os testes genéticos podem ser recomendados para pessoas que têm uma história pessoal ou familiar de síndrome de cancro hereditário. Isto pode incluir uma história de cancro precoce, múltiplos cancros primários ou tipos específicos de cancro associados a mutações genéticas.

**2- O processo de teste:** Os testes genéticos envolvem normalmente a obtenção de uma amostra de sangue ou de saliva, que é depois analisada num laboratório para identificar mutações nos genes relacionados com o cancro. Os resultados estão normalmente disponíveis dentro de algumas semanas e são interpretados por um conselheiro genético ou por um profissional de saúde.

**3- Consequências dos testes:** Compreender os conceitos dos testes genéticos é muito importante. Porque pode ter consequências a nível emocional, médico e familiar. Os resultados positivos dos testes podem influenciar as decisões de tratamento, as recomendações de rastreio e a avaliação de risco dos membros da família.

**4- Privacidade e confidencialidade:** os testes genéticos incluem informações sensíveis sobre a estrutura genética de uma pessoa e a sua suscetibilidade a determinadas doenças. A escolha de um conselheiro de testes genéticos que dê prioridade à privacidade e à confidencialidade é essencial.

**Métodos gerais de prevenção do cancro**

São vários os factores que contribuem para o aparecimento do cancro. De acordo com estudos, o nosso estilo de vida tem um grande impacto no cancro. Minimize as suas hipóteses de contrair cancro seguindo os seguintes métodos.

**1- Não consumir tabaco e tabaco:** O consumo de qualquer tipo de tabaco, incluindo o tabaco, aumenta o risco de cancro. O tabaco de mascar provoca cancros da cavidade oral, do pâncreas, da boca, da garganta, da bexiga e do útero. Além disso, fumar aumenta o risco de cancro devido ao fumo intenso. Não fumar tem um efeito importante na prevenção do cancro. O fumo do tabaco e outros produtos do tabaco contêm mais de 7.000 substâncias químicas, das quais pelo menos 250 são nocivas e causam cancro.

**2- Comer alimentos saudáveis:** ter uma dieta saudável não é garantia de não ter cancro, mas reduz a possibilidade de ter cancro. A observância dos seguintes princípios é muito útil para reduzir o cancro.

**Figura 30.** O que aumenta o risco de cancro?

**3- Consumo de frutas e legumes:** Certifique-se de que consome frutas, legumes, cereais e produtos proteicos suficientes na sua dieta diária.

**4- Evitar a obesidade ou a perda de peso:** consumir alimentos pouco calóricos, não consumir açúcares artificiais, gorduras vegetais.

**5- Evitar o consumo de álcool:** O consumo de álcool aumenta o risco de cancro da mama, do cólon, do pulmão, dos rins e do fígado.

**6- Minimizar o consumo de carnes processadas:** De acordo com os relatórios recebidos da Agência Internacional de Investigação do Cancro, o consumo de muitas carnes processadas aumenta o risco de cancro.

**7- Ter uma dieta mediterrânica:** A dieta mediterrânica inclui quantidades adequadas de alimentos vegetais, como frutas e legumes, cereais integrais, legumes e nozes, e reduz o risco de cancro da mama, especialmente nas mulheres.

**8- Praticar actividades físicas e manter o peso:** A estabilidade do peso reduz o risco de desenvolver cancros como o cancro da mama, da próstata, do pulmão, do cólon, do rim e da bexiga.

**9- Proteger-se do sol:** A falta de proteção contra o sol provoca vários tipos de cancro, incluindo o cancro da pele.

**10- Abster-se de comportamentos de risco:** A abstenção de comportamentos de risco é muito eficaz na prevenção do cancro e das infecções.

**11- Ter relações sexuais seguras:** evitar ter múltiplos parceiros sexuais e limitar o número de parceiros sexuais. Não se esqueça de utilizar um preservativo durante as relações sexuais. A multiplicidade de parceiros sexuais aumenta o risco de contrair infecções sexualmente transmissíveis, como o VIH ou o HPV. Também aumenta o risco de cancro anal, vaginal, do fígado e do pulmão.

**12- Não utilizar agulhas** partilhadas: a utilização de agulhas partilhadas para injecções intravenosas aumenta a possibilidade de contrair vírus como a SIDA, a hepatite B, C e o cancro do fígado.

**13- Realização de cuidados médicos e testes genéticos:** a realização de testes genéticos reduz o risco de contrair vários tipos de cancro, incluindo os cancros hereditários, como o cancro da mama, do cólon e do estômago. Além disso, se estiver infetado, o cancro pode ser diagnosticado nas fases iniciais.

**14- Evitar estar em ambientes poluídos:** a poluição do ar, da água e do solo, especialmente o ar poluído com produtos químicos, aumenta a possibilidade de contrair cancro em diferentes graus. Devido à presença em ambientes poluídos e à exposição a radiações ionizantes, algumas profissões têm um risco elevado de desenvolver cancros malignos, como a leucemia.

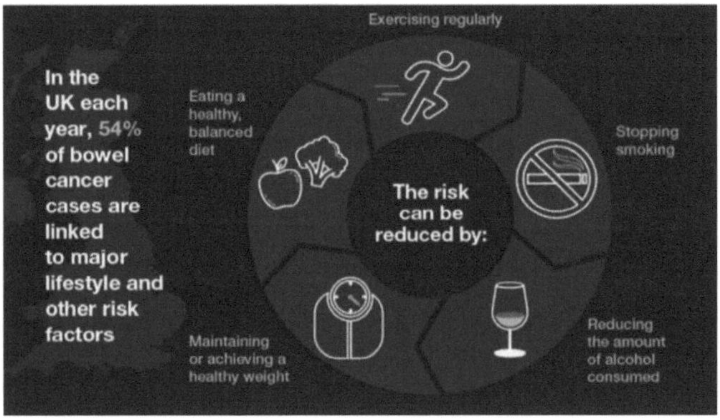


**Figura 31.** Sete formas de reduzir o risco de cancro do intestino

# Referências

Sensibilização, conhecimentos, percepções e atitudes em relação ao cancro familiar e hereditário. Alghuson L, Alturki NI, Alsulayhim AS, Alsughayer LY, Akkour KM. Medicina (Kaunas) 2022;58:1400.

Conhecimento sobre o cancro da mama e prática de rastreio entre as mulheres em Makkah, Arábia Saudita. Flemban AF, Kabrah SM, Alfaifi SS, Alsubhi AS, Alzahrani AS, Alhazmi KA, Alharbi S. J Contemp Med Sci. 2022;8:311-316.

Byrum AK, Vindigni A, Mosammaparast N. Definindo e modulando 'BRCAness'. Tendências Cell Biol (2019) 29: 740-51.

Genes de predisposição para o cancro: mecanismos moleculares e impacto clínico nos cuidados oncológicos personalizados: exemplos das síndromes de Lynch e HBOC. Wang Q. Ata Pharmacol Sin. 2016; 37:143-149.

Desenvolvimento e teste da escala KnowGene para avaliar os conhecimentos gerais sobre genética do cancro relacionados com o teste de painéis multigénicos. Underhill-Blazey M, Stopfer J, Chittenden A, et al. Patient Educ Couns. 2019; 102:1558-1564.

Epidemiologia do cancro na Arábia Saudita no período 2010-2019: uma revisão sistemática com meta-análise restrita. Alqahtani WS, Almufareh NA, Domiaty DM, et al. AIMS Saúde Pública. 2020; 7: 679-696.

Evolving insights: como as vias de reparação do ADN influenciam a evolução do cancro. Zhou J, Zhou XA, Zhang N, Wang J. Cancer Biol Med. 2020; 17:805-827.

Avaliação genética/familiar de alto risco: mama e ovário, versão 2.2015. Daly MB, Pilarski R, Axilbund JE, et al. J Natl Compr Canc Netw. 2016; 14:153-162.

Gryfe R, Kim H, Hsieh ETK, Aronson MD, Holowaty EJ, Bull SB, et al. Tumor microsatellite instability and clinical outcome in young patients with colorectal cancer. N Engl J Med (2000) 342:69-77.

Hanahan D, Weinberg RA. Caraterísticas do cancro: The next generation. Cell (2011) 144:646-74.

Síndromes de cancro hereditárias. Rahner N, Steinke V. Dtsch Arztebl Int. 2008;105:706-714.

Hoadley KA, Yau C, Hinoue T, Wolf DM, Lazar AJ, Drill E, et al. Os padrões de células de origem dominam a classificação molecular de 10 000 tumores de 33 tipos de cancro. Célula (2018) 173:291-304.e6.

Hurst JH. A geneticista pioneira Mary-Claire king recebe o prémio Lasker~Koshland 2014 de realização especial em ciências médicas. J Clin Invest (2014) 124:4148-51.

Impacto da consanguinidade no cancro numa população altamente endogâmica. Bener A, El Ayoubi HR, Chouchane L, Ali AI, Al-Kubaisi A, Al-Sulaiti H, Teebi AS. Asian Pac J Cancer Prev. 2009;10:35-40.

Conhecimentos e atitudes relativamente à resistência antimicrobiana entre os estudantes do último ano de licenciatura em paramedicina na Universidade de Gondar, Etiópia. Seid MA, Hussen MS. BMC Infect Dis. 2018;18:312.

Conhecimento do aconselhamento genético entre pacientes com cancro da mama e seus familiares num hospital universitário nigeriano. Adejumo P, Aniagwu T, Oluwatosin A, et al. J Glob Oncol. 2018; 4:1-8.

Knudson AG. Mutação e cancro: estudo estatístico do retinoblastoma. Proc Natl Acad Sci USA (1971) 68:820-3.

Lord CJ, Ashworth A. BRCAness revisitado. Nat Rev Cancer (2016) 16:110-20.

Nakagawa H, Fujita M. Análise de sequenciamento do genoma completo para genômica do câncer e medicina de precisão. Cancer Sci (2018) 109:513-22.

OpenEpi: Estatísticas epidemiológicas de fonte aberta para a saúde pública; Sullivan KM, Dean A, Soe MM. Public Health Rep. 2013 124:471-474.

Pottier C, Fresnais M, Gilon M, Jérusalem G, Longuespée R, Sounni NE. Inibidores da tirosina quinase no cancro: Avanços e desafios da terapia direcionada. Cancros (Basileia) (2020) 12:731.

Preditores da sensibilização da população para os testes genéticos do cancro: implicações para o aumento da equidade no envolvimento na prevenção do cancro e na medicina de precisão. Giri VN, Shimada A, Leader AE. JCO Precis Oncol. 2021;5: 0.

Sensibilização do público para as doenças oculares comuns entre os adultos sauditas na cidade de Riade: um estudo quantitativo. Al Rashed WA, Bin Abdulrahman AK, Zarban AA, Almasri MS, Mirza AS, Khandekar R. J Ophthalmol. 2017;2017: 9080791.

Razavi P, Chang MT, Xu G, Bandlamudi C, Ross DS, Vasan N, et al. A paisagem genómica dos cancros da mama avançados resistentes ao endócrino. Cancer Cell (2018) 34:427-38.

Variações regionais na prevalência da consanguinidade na Arábia Saudita. El-Mouzan MI, Al-Salloum AA, Al-Herbish AS, Qurachi MM, Al-Omar AA. Saudi Med J. 2007;28: 1881-1884.

Sánchez-Rivera FJ, Jacks T. Applications of the CRISPR-Cas9 system in cancer biology (Aplicações do sistema CRISPR-Cas9 na biologia do cancro). Nat Rev Cancer (2015) 15:387-93.

Tung NM, Garber JE. Teste BRCA1/2: implicações terapêuticas para o tratamento do cancro da mama. Br J Cancer (2018) 119:141-52.

Vogelstein B, Fearon ER, Hamilton SR, Kern SE, Preisinger AC, Leppert M, et al. Genetic alterations during colorectal-tumor development (Alterações genéticas durante o desenvolvimento do tumor colorrectal). N Engl J Med (1988) 319:525-32.

Weinberg RA. Oncogenes, antioncogenes, and the molecular bases of multistep carcinogenesis. Cancer Res (1989) 49:3713-21.

Organização Mundial de Saúde. "Cancro. Organização Mundial de Saúde (OMS): Cancro. 2022.

Zhang H, Qin C, A C, Zheng X, Wen S, Chen W, et al. Aplicação da técnica de edição de genes baseada em CRISPR/Cas9 na investigação básica, diagnóstico e terapia do cancro. Mol Cancer (2021) 20: 126.

MIX
Papier aus verantwortungsvollen Quellen
Paper from responsible sources
FSC® C105338

Printed by Books on Demand GmbH, Norderstedt / Germany